KB230612

청소년이 꼭 알아야 할 과학이슈 11

Season 17

청소년이 꼭 알아야 할 과학이슈 11

청소년이 꼭 알아야 할 과학이슈 11
Season 17

초판 1쇄 발행 2026년 2월 5일

글쓴이 박진희 외 10명
편집 이충환
디자인 이재호

펴낸이 이경민
펴낸곳 ㈜동아엠앤비
출판등록 2014년 3월 28일(제25100-2014-000025호)
주소 (03972) 서울특별시 마포구 월드컵북로22길 21 2층
홈페이지 www.dongamnb.com
전화 (편집) 02-392-6901 (마케팅) 02-392-6900
팩스 02-392-6902
이메일 damnb0401@naver.com
SNS

ISBN 979-11-6363-651-9 (04400)
     979-11-6363-383-9(세트)

※ 책 가격은 뒤표지에 있습니다.
※ 잘못된 책은 구입한 곳에서 바꿔 드립니다.
※ 이 책에 실린 사진은 셔터스톡, 위키피디아에서 제공받았습니다.
   그 밖의 제공처는 별도 표기했습니다.
※ 본문에서 책 제목은 『 』 논문, 보고서는 「 」 잡지나 일간지 등은 《 》로 구분했습니다.

박진희 외 10명 지음

동아엠앤비

소버린 AI에서 스마트폰 해킹까지 최신 과학이슈를 말하다!

들어가며

한국에 불고 있는 '소버린 AI' 열풍, 국내 대형 통신사들이 잇달아 겪었던 해킹 사건, 러브버그 같은 곤충이 도시에 대발생한 사례 등 수많은 이슈가 2025년을 떠들썩하게 만들었다. 이번 『청소년이 꼭 알아야 할 과학이슈 11 시즌 17』에서는 이런 이슈들을 다양한 각도에서 파헤치며 과학적 설명과 해결 방안을 심층적으로 살펴봤다.

인공지능(AI)이 전 세계에 큰 충격을 주는 한편, 인류의 미래를 바꿀 것으로 예상된다. 이에 우리나라는 외국에 종속되지 않은 독자적 AI 기술을 국내에서 확보한다는 '소버린 AI' 구축에 나서고 있다. 과연 한국이 '소버린 AI' 구축에 성공할 수 있을까? 또 한국이 '세계 3대 AI 강국'의 반열에 오를 수 있을까?

2025년 한국 사회는 '통신사 시스템이 해킹당했다'는 믿기 힘든 보도를 마주했다. SK텔레콤의 핵심 서버 일부가 외부 공격을 받았고, 이 과정에서 유심 관련 인증 정보가 유출됐다. KT는 '유령기지국'을 이용한 공격을 받아 '불법 소액결제 피해'가 속출했다. 과연 국내 통신사의 휴대전화를 계속 써도 괜찮을까? 우리나라 통신사는 왜 이렇게 해킹에 취약할까?

어느 때부터인가 여름이 되면 도시는 수많은 불청객이 날아들고 있다. 동양하루살이, 깔따구, 러브버그 등이 서울과 수도권 및 큰 강을 마주한 전국 도심 곳곳에 출몰하고 있다. 언론에서 여러 차례 보도하면서 많은 국민의 관심을 받고 있는 도시 출몰 곤충은 병을 옮기지는 않아도 대량 발생해 시민의 생활을 불편하게 만든다. 이 곤충들은 왜 도시에 대량 발생해 시민들을 습격할까? 우리는 어떻게 대처해야 할까?

세계보건기구(WHO)에 따르면, 현재 전 세계 치매 환자는 약 5,500만이다. 매년 1,000만 명씩 새로운 치매 환자가 발생하고 있어 2050년이면 환자 수는 1억 5,000만 명에 달할 것으로 예측된다. 최근 빌 게이츠는 국제학술지 《네이처 메디신》에 "알츠하이머병이 더 이상 사형선고처럼 들리지 않는 날이 가까워졌다고 믿는다"고 밝혔다. 그가 설립한 '글로벌 신경퇴행성질환 단백질체학 컨소시엄(GNPC)'에서 관련 연구 성과를 내고 있다. 치매란 무엇일까? 치매는 정복 가능할까?

2025년은 유엔이 공식적으로 선언한 '양자과학과 기술의 해'이다. 이런 선언의 배경에는 양자과학(양자역학)이 탄생 100주년을 맞기도 했지만, 우리 일상에 엄청난 기술적 혁신을 몰

고 오고 있으며 앞으로 그 영향이 더 커질 것으로 보이기 때문이다. 2025년 노벨 물리학상
도 거시세계에서 양자터널링을 입증해 양자컴퓨터 상용화에 기여한 업적에 돌아갔다. 양자
역학은 100년간 어떻게 발전해 왔을까? 또 양자역학은 앞으로 어떤 혁신을 가져올까?

지구 온난화로 인해 북극의 빙하가 녹고 있다. 심각한 환경 위기가 찾아온 것은 분명하지만,
한편으로 북극해를 통해 아시아와 유럽을 잇는 최단 거리의 바닷길이 열리고 있다. 바로 '북
극항로'다. 세계 주요국들이 북극항로를 차지하기 위한 경쟁에 돌입했고, 우리나라도 이 경
쟁에 뛰어들고 있다. 과연 북극항로는 어떤 기회일까? 우리는 어떻게 준비해야 할까?

2025년 3월 한국과 국제협력으로 미국항공우주국(NASA)의 적외선 우주망원경 스피어엑
스(SPHEREx)가 발사됐다. 스피어엑스는 적외선 영상 분광 관측 기술을 적용한, 새로운 형
태의 우주망원경으로, 우주를 바라보는 인류의 '눈'을 한 단계 더 확장하고 있다. 적외선 우주
망원경은 왜 중요할까? 스피어엑스는 어떤 기술과 과학 목표를 바탕으로 탄생했을까? 그 과
정에서 한국이 수행한 역할과 향후 국내 우주망원경 개발에 주는 의의는 무엇일까?

이 외에도 2025년 5월 기상청이 정식으로 운영하기 시작한 한국형 수치예보모델(KIM),
150년 전인 1895년 프랑스 파리에서 체결한 '미터 협약'으로 탄생한 미터법, 일명 '찍찍이'라
불리는 '벨크로'에서부터 2025년 개발된 군집 로봇 시스템까지 자연에서 착안한 생체모방
공학, 2025년 노벨상에서 과학 분야의 연구 성과(전자회로에서 양자터널링 증명, '금속-유
기 골격체' 개발, '말초 면역 관용' 원리 발견) 등이 최근의 주요 과학이슈였다.

요즘에는 과학적으로 중요한 이슈, 과학적인 해석이 필요한 대형 이슈가 증가하고 있다. 이
런 이슈들을 심층 분석하고자 전문가들이 머리를 맞댔다. 과학 전문기자, 과학 칼럼니스트,
관련 분야의 연구자 등이 최근 주목해야 할 과학이슈 11가지를 선정했다. 이 책에 소개된 11
가지 과학이슈를 접하다 보면, 관련 이슈가 우리 삶에 어떤 영향을 가할지, 그 이슈가 앞으로
어떻게 발전할지, 그로 인해 우리 미래는 어떻게 변화할지 생각하는 힘을 기를 수 있다. 이를
통해 사회현상을 깊이 고민하고 나름대로 정리한다면, 일반교양을 갖추는 것은 물론이고 각
종 논술이나 면접 등을 준비하는 데도 큰 도움을 얻을 수 있을 것이다.

2026년 1월 편집부

ISSUE 11

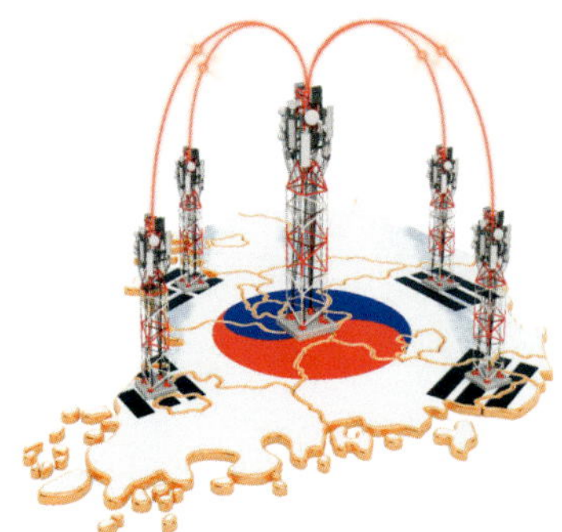

1

ISSUE 1 인공지능

소버린 AI

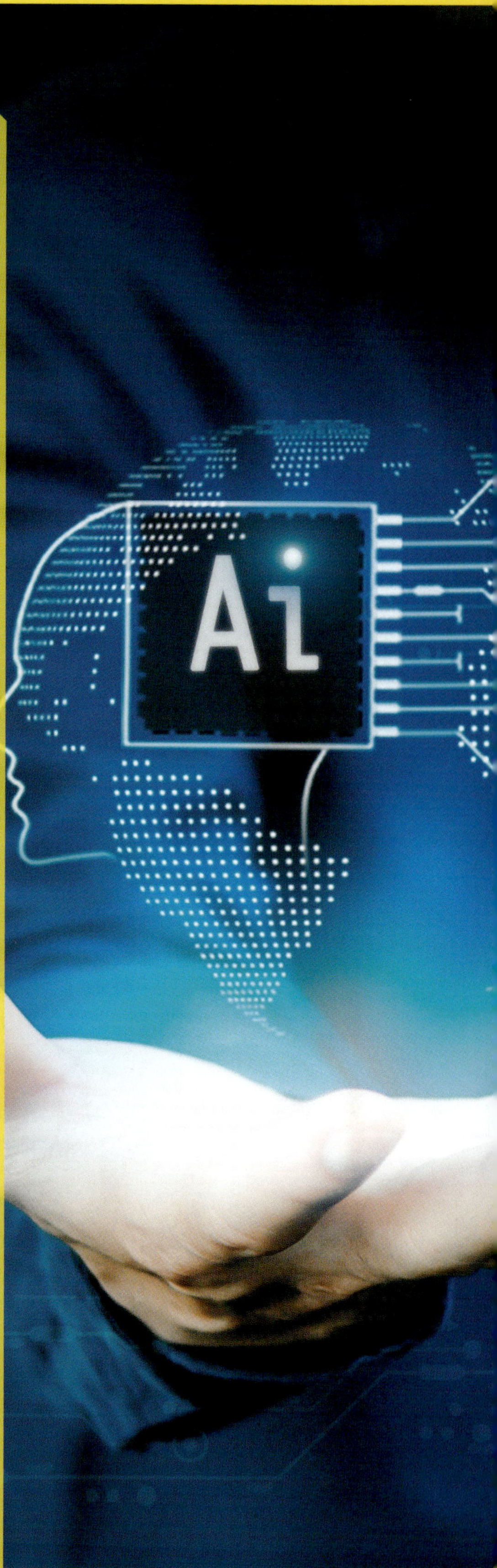

한세희

《전자신문》 기자, 동아사이언스 데일리뉴스팀장, 《지디넷코리아》 과학전문기자를 지냈다. 기술과 사람이 서로 영향을 미치며 변해 가는 모습을 항상 흥미롭게 지켜보고 있다. 『어린이를 위한 디지털과학 용어사전』, 『디지털 호신술』, 『요즘 어른들을 위한 최소한의 인공지능』, 『챗GPT 기회인가 위기인가』(공저), 『과학이슈11 시리즈』(공저) 등을 썼고, 『네트워크 전쟁』 등을 우리말로 옮겼다.

Sovereign Ai

소버린 AI, 개발해야 하나?

APEC 2025에서 이재명 대통령이 젠슨 황 엔비디아 CEO와 국내 주요 기업인들을 만났다. 왼쪽부터 이해진 네이버 의장, 최태원 SK그룹 회장, 젠슨 황 엔비디아 CEO, 이재명 대통령, 이재용 삼성전자 회장, 정의선 현대자동차그룹 회장. 젠슨 황 CEO는 이재용 회장, 정의선 회장과 치맥 모임을 하기도 했다.
ⓒ 대통령실

2025년 10월 30일 우리는 초현실적으로 느껴지는 광경을 접했다. 서울 삼성동 한 평범한 치킨집에서 젠슨 황 엔비디아 CEO와 이재용 삼성전자 회장, 정의선 현대자동차그룹 회장이 마주 앉아 '치맥' 모임을 한 것이다. 경북 경주에서 열린 제32차 아시아태평양경제협력체(APEC) 정상회의에 참석하기 위해 한국을 찾은 황 CEO는 우리나라 최대 재벌 그룹 대표와 동네 아저씨들처럼 치킨을 놓고 맥주를 마시고, 주변 시민들에게 바나나 우유를 돌렸다.

인류의 미래를 바꿀 것으로 예상되는 인공지능(AI) 분야의 핵심 인프라를 만드는 기업이자 세계에서 시가총액이 가장 높은 기업 대표와 세계 최대 반도체 및 스마트폰 기업 대표, 글로벌 자동차 제조사 대표가 만나 치맥을 하며 무슨 이야기를 했을까? 그다음 날 황 CEO는 한국 정부와 기업에 AI 개발에 꼭 필요한 최첨단 그래픽처리장치(GPU) 26만 장을 한국에 우선 공급하겠다고 발표했다. 현재 우리나라에 있는 엔비디아 GPU 4만 5,000개의 5배가 넘는 규모다. 초대형 데이터센터 2기를 동시에 가동할 수 있는 분량이다. 돈으로 따지면 14조 원 정도가 된다.

챗GPT나 구글 제미나이 같은 대형언어모델(LLM) 기반 AI를 학습시키려면 막대한 양의 GPU가 필요하다. 수억 원 정도 가격의 GPU 칩셋이 수만 장 단위로 있어야 글로벌 수준의 AI 기술 경쟁이 가능하다. 중국 딥시크와 같이 적은 비용과 적은 수의 GPU로도 효율적으로 AI를 학습시키는 기술 개발이 계속 이뤄지고 있지만, 일정 규모 이상의 GPU 인프라 구축은 AI 개발과 연구, 활용에 필수적이다.

미국 일부 빅테크 기업들을 제외하곤 이런 대규모 투자를 감당하기 힘들었다. 투자를 할 수 있다 해도 AI 열풍 속에서 AI 훈련에 필요한 엔비디아 GPU가 품귀라 돈을 주고도 물건을 구하기 힘들었다. 우리나라 정부도 AI 개발과 상용화를 적극 지원한다는 정책을 세웠으나 GPU를 구하지 못해 연구 인프라를 갖추기가 쉽지 않은 상황이었다. 이런 가운데 엔비디아가 한국에 GPU 물량을 우선 공급하겠다고 약속한 것이다. 이 물량은 우리나라 과학기술정보통신부와 삼성전자, SK그룹, 현대차그룹, 네이버에 공급된다.

우리나라는 이를 계기로 AI 연구 개발에 속도를 내고, '세계 3대 AI 강국'의 반열에 오를 수 있을까? 외국에 종속되지 않은 독자적 AI 기술을 국내에서 확보한다는 이른바 '소버린 AI' 구축에

데이터센터를 가동하고, LLM 기반 AI를 학습시키려면 막대한 양의 GPU가 필요하다. 사진은 데이터센터, AI 학습 및 추론용 GPU인 엔비디아 A100.
© 엔비디아

성공할 수 있을까? 엔비디아는 왜 우리나라와 손을 잡으려 하는 걸까? IT 기업도 아닌 현대자동차그룹 대표는 왜 엔비디아 CEO와 치맥을 함께 한 것일까?

세계 AI 경쟁에서 뒤처지지 않고 이 분야를 선도하고 싶은 우리나라 정부와 기업, AI를 한 단계 도약시켜 새 시장을 열고 싶은 엔비디아의 마음이 이들을 하나로 묶었다. 엔비디아가 원하는 AI의 확장은 바로 '피지컬 AI'다. AI가 컴퓨터 화면에서 나와 실제 세계의 공장과 로봇으로 들어가는 것이다. 피지컬 AI를 가능하게 하기 위한 최적의 파트너가 바로 제조업 강국 대한민국이다. 이것이 엔비디아와 삼성전자, 현대자동차 조합의 이유다.

우리나라가 원하는 '소버린 AI', 엔비디아가 원하는 AI의 확장을 서로 얻는 '행복한 만남'이 성사될 수 있을까?

✦ 소버린 AI란?

'소버린(sovereign)'이란 '자주적인' '주권의' 정도의 뜻을 가진 영어 단어다. 소버린 AI는 국가가 스스로 AI 기술을 개발하고, 자기 나라의 필요와 문화에 맞춰 운용할 수 있는 역량이자 시스템이라 할 수 있다. 한 국가가 자체 인프라와 데이터, 인력, 산업 역량을 활용해 AI를 구축할 수 있어야 한다는 뜻이다. 자체 AI 모델을 개발하는 것을 넘어 자신들의 제도와 문화, 역사, 가치관을 이해하는 AI를 자국 데이터와 인프라를 기반으로 개발하고 운영하는 것을 의미한다.

AI는 산업과 경제, 비즈니스, 문화와 엔터테인먼트, 군사와 안보 등 모든 영역을 변화시킬 것으로 예상된다. 과거 PC나 인터넷, 스마트폰을 뛰어넘는 영향을 미칠 수 있다는 전망이 나온다. 하지만 LLM 기반 생성형 AI 기술은 1~2개 국가의 소수 기업들에 집중돼 있다. 오픈AI, 구글, 마이크로소프트 등의 빅테크 기업과 앞선 연구 역량의 대학을 가진 미국이 선두이고, 막대한 인력과 자원, 데이터를 쏟아부을 수 있는 중국이 바짝 뒤좇고 있다. 그 외 모든 국가는 사실상 한참 뒤처져서 좇아가는 상황이라 할 수 있다. 이는

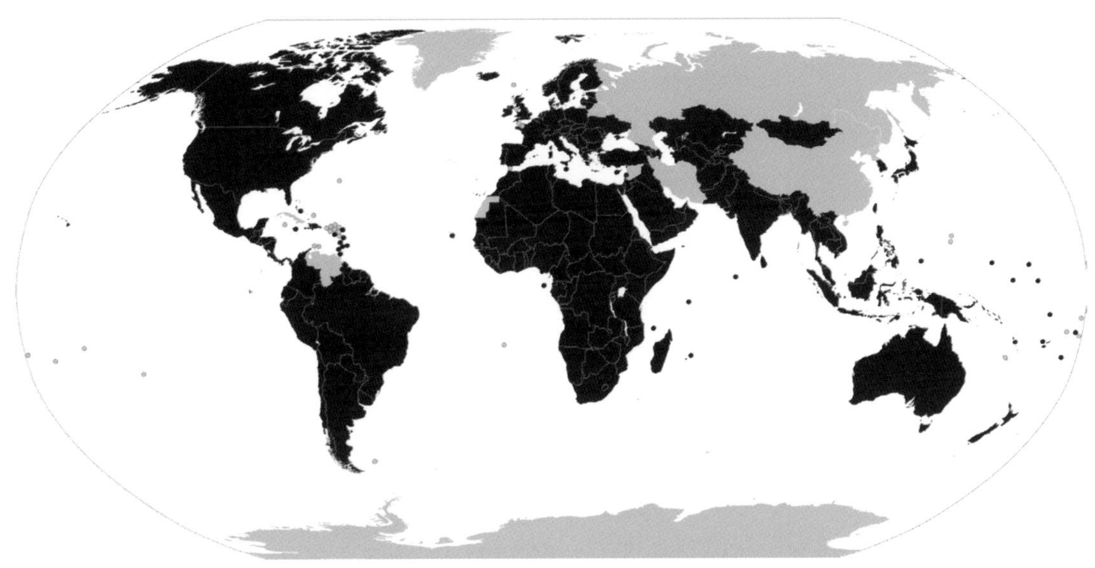

사회의 기반이 될 핵심 기술을 전적으로 1~2개 외국 기업에 의존해야 하는 상황이 될 수도 있다는 의미다.

결국 소버린 AI는 이런 상황을 피하고, 국가의 독자적 생존 역량을 확보하기 위한 필수 요소라 할 수 있다. AI가 사회 모든 인프라에 스며들면서, 이를 통제하는 능력은 곧 국가의 자율성과 직결되기 때문이다. 세계가 막대한 비용과 노력을 감수하며 소버린 AI 확보에 나서는 이유다.

기술 주권 및 국가 안보 핵심 기술을 해외에 의존하는 것은 국가의 운명을 타국에 맡기는 것과 같다. 특히 AI가 국방, 에너지, 통신 등 국가 핵심 인프라에 깊숙이 통합될수록 기술 종속의 위험은 더욱 커진다. 민감한 데이터가 해외로 유출될 경우 국가 안보는 송두리째 흔들릴 수 있다.

이미 디지털 인프라와 데이터는 국가 안보의 문제로 다뤄지고 있다. 미국의 '클라우드법(CLOUD Act)'은 안보를 이유로 미국 기업이 해외에 설치한 서버 정보까지 열람할 수 있도록 허용한다. 중국의 '국가정보법'은 한 걸음 더 나아가 "모든 조직과 국민은 법에 따라 국가정보업무를 지지·협조·호응해야 한다"고 규정하며 정보 제공을 의무화하고 있다.

AI 기술은 국가 안보에 있어 사활이 걸린 핵심 역할을 하게 될 것이다.

전 세계에서 오픈AI의 챗GPT를 사용할 수 있는 국가들. 어느 국가든 사회 기반이 될 핵심 기술이 한두 개 외국 기업에 의존할 위험이 존재한다.
© wikipedia/Salto Loco

AI 학습 과정에서 국민의 민감한 개인정보, 기업 핵심 전략, 정부 중요 기록 등이 외국 기업 서버로 이전될 위험이 있다. 데이터가 국경을 넘나드는 시대에 데이터 주권을 확보하지 못한다면 국가 정보 자산이 노출되고 국민 프라이버시가 침해될 수 있다.

경제적 문제도 있다. 해외 빅테크 기업의 AI를 사용하는 것은 막대한 사용료와 유지보수 비용을 지불해야 함을 의미한다. 이는 고스란히 국부 유출로 이어진다. AI가 전기나 인터넷처럼 사회의 필수 인프라로 자리 잡을수록 특정 국가의 AI에 대한 경제적 의존도는 심화될 수밖에 없다. 성낙호 네이버클라우드 총괄은 "AI는 핵개발에 준하는 전략 영역으로, GDP의 상당 부분이 AI 트래픽에 소모될 수 있다"며 기술 내재화의 중요성을 역설했다.

해외에서 외국어 데이터 위주로 학습된 AI 모델에 의존하다 보면 개별 국가나 사회의 문화적 다양성이 훼손될 우려도 제기된다. 현재 글로벌 AI 모델들은 대부분 영미권 인터넷 데이터를 기반으로 학습됐다. 특정 문화권에 편향된 데이터로 학습한 AI가 글로벌 시장을 독점하면, 각국의 고유한 언어와 문화적 맥락은 왜곡되거나 소외될 수 있다. 이는 장기적으로 문화적 종속을 야기할 수 있는 심각한 문제다.

✦ 대한민국, 'AI 3대 강국'을 향하여

사실상 소버린 AI는 안보, 경제, 문화, 데이터 주권 등 국가의 핵심 문제들과 밀접하게 얽혀 있다. 우리나라는 미국이나 중국처럼 세계 최고 수준의 과학기술력을 가진 국가는 아니지만, 세계 선도권의 연구개발 역량 및 첨단 산업 경쟁력을 보유한 국가로서 AI 시대의 변화 흐름에 올라타기 위해 적극적 지원 정책을 펼치고 있다. 북한과 대치하고 중국, 러시아 등 강대국과 인접한 환경도 AI 주권의 중요성을 높인다.

대한민국 정부는 'AI 3대 강국'이라는 목표를 세우고, 소버린 AI 확보를 국가 핵심 과제로 추진하고 있다. 민간 역량을 결집하고 파격적 지원을 제공해 한국형 AI 생태계를 구축한다는 목표다. 이 같은 전략의 핵심이 '독

2025년 9월 9일에 열린 '독자 AI 파운데이션 모델 프로젝트' 착수식.
ⓒ 과학기술정보통신부

자 AI 파운데이션 모델' 프로젝트이다.

오픈AI의 GPT 시리즈나 구글의 '제미나이' 같은 LLM을 흔히 '파운데이션 모델(foundation model)'이라고 한다. AI를 다른 분야에 활용하기 위한 기반(foundation)이 되는 모델이라는 의미다. 이 기반 모델을 바탕으로 특화된 영역이나 기능을 갖는 AI 제품이나 서비스를 개발한다. 고가의 GPU 등 큰 규모의 데이터센터 인프라를 사용해 방대한 데이터를 장기간 수집하고 학습시키는 과정을 거쳐야 한다. 미국이나 중국과 같이 자금과 기술, 데이터와 연구 인력이 풍부한 곳이 유리할 수밖에 없다.

우리나라 역시 네이버와 카카오, SK텔레콤, LG 등에서 LLM을 만들어 어느 정도 성과를 내기도 했지만, 글로벌 수준의 기술력에는 미치지 못했다. 이에 높은 수준의 파운데이션 모델을 직접 만들어 독자 기술을 확보할 것인지, 독자 개발에 그 시간과 노력, 자금을 쓸 바엔 격차를 인정하고 이미 나온 AI 모델을 적절히 활용해 새로운 서비스와 비즈니스를 개척해 시장을 선점하는 데 집중할 것인지 등을 놓고 논란이 있었다.

정부는 독자 파운데이션 모델 개발에 승부를 걸었다. AI 주권을 지키기 위한 기반이 된다는 점을 간과할 수 없기 때문이다. 정부는 미국, 중국 등 세계 선도국 AI의 95% 수준까지 기술력을 끌어올린다는 목표를 두고 민관

협력으로 세계적 수준의 독자 AI 파운데이션 모델을 개발하는 프로젝트에 착수했다. 연구 과제 수행 주체로 선정된 기업과 기관에 연구비는 물론, 국가가 확보한 GPU 인프라도 제공한다. 특이하게 이 프로젝트는 공개 예선을 거쳐 팀을 선정하고, 이후 연구개발 성과에 따라 뒤처지는 팀을 떨어뜨리고 생존한 상위 팀에 지원을 몰아주는 서바이벌 오디션 프로그램 방식으로 진행된다.

2025년 8월 치열한 경쟁을 통해 1차로 5개 컨소시엄, 이른바 국가대표 정예팀이 선발됐다. 네이버클라우드와 네이버가 주축이 돼 서울대 산학협력단, KAIST 등이 참여하는 네이버클라우드 팀, 국내 대표 AI 스타트업 업스테이지가 이끄는 스타트업 기업 위주의 업스테이지 팀 등이 눈길을 끈다. SK텔레콤은 '배틀그라운드'로 유명한 게임사 크래프톤과 AI 반도체 개발 기업 리벨리온, 서울대 등과 손을 잡았다. 게임 기업 엔씨소프트의 자회사로 AI 기술을 개발하는 엔씨에이아이는 고려대, 연세대, 한국전자통신연구원(ETRI) 등과 컨소시엄을 구성했다. LG그룹 LG경영개발원과 LG유플러스, LG CNS는 이스트소프트, 한글과컴퓨터, 뤼튼테크놀로지스 등과 팀을 이뤘다. 반면 카카오와 KT는 모두 1차 예선에서 고배를 마셔 충격을 안겼다. 선발된 5개 팀은 업계 중심 AI 전문 사용자 평가 등을 포함한 1차 단계평

네이버의 생성형 AI
'하이퍼클로바X' 홈페이지에는
소버린 AI가 강조되고 있다.
© 네이버

가를 받고, 여기서 1팀이 탈락한다. 정부는 6개월마다 평가를 실시해 최종 2팀을 선정할 예정이다.

정부는 이들 정예팀에 AI 개발의 3대 핵심 자원인 GPU와 데이터, 인재를 집중적으로 지원한다. 정부는 기존에 확보한 GPU 1만 장을 지원하고, 데이터 공동구매를 위해 연간 100억 원, 각 팀의 데이터 구축 및 가공을 위해 연간 30억~50억 원을 지원한다. 또 해외 우수 연구자 유치를 위해 팀당 연간 20억 원 규모의 인건비와 연구비를 지원한다.

이런 가운데 한국을 찾은 젠슨 황 CEO가 치맥 회동 후 약속한 GPU 26만 장 공급 계획은 정부의 AI 전략에 날개를 달아줄 것으로 기대된다. 확보된 GPU는 정부(5만 장), 삼성전자(5만 장), 현대차그룹(5만 장), SK그룹(5만 장), 네이버클라우드(6만 장)에 각각 투입될 예정이다.

이 약속은 단순한 하드웨어 공급을 넘어선다. 세계적 GPU 쟁탈전 와중에 대한민국이 안정적 AI 개발 인프라를 확보했음을 뜻한다. 미국과 중국에 이어 '세계 3위 AI 인프라 국가'로 도약할 발판을 마련한 것이다. 소버린 AI 구축을 위한 물리적 기반이 그만큼 튼튼해졌다.

◆ 세계 각국의 소버린 AI 전략

미국과 중국의 AI 패권 경쟁이 격화되는 가운데, 다른 나라들 역시 기술 종속을 피하고 활로를 모색하기 위해 다양한 형태로 소버린 AI 전략을 펼치고 있다. 유럽은 미국 빅테크 플랫폼 종속을 경계하며 디지털 주권에 민감하게 반응해 왔다. 이러한 기조는 AI 전략에서도 이어진다.

유럽연합(EU)은 개별 국가의 힘으로는 미국과 중국의 거대 자본에 맞서기 어렵다는 현실을 인식하고, 연합을 통해 공동으로 AI 인프라와 모델을 개발하려는 움직임을 보인다. 유럽 국가들이 손잡고 보잉 등이 주도하는 미국 항공기 산업에 맞설 수 있는 '에어버스' 기종을 공동 개발한 접근을 AI에도 시도해 보려는 것이다.

유럽 국가 중 프랑스는 국가 주도 생태계 조성에 좀 더 적극적이다. 정부가 AI를 원자력 개발에 버금가는 국가 전략으로 간주하고, 슈퍼컴퓨팅 인프라 구축과 인재 양성에 막대한 공공 투자를 단행했다. 자체 AI 모델을 개발하는 데 성공한 프랑스 대표 AI 기업 미스트랄AI(Mistral AI)의 사례는 이 같은 배경에서 탄생할 수 있었다. AI 학습에 쓰이는 엔비디아 GPU처럼 최첨단 반도체 제조에 필요한 장비를 독점적으로 만드는 네덜란드 기업 ASML이 최근 미스트랄AI에 전략적 투자를 단행한 것도 유럽 내 AI 관련 역량을 결집하려는 움직임의 하나로 주목받았다.

중동 국가들 역시 석유 중심 경제에서 벗어나 미래 성장 동력을 확보하기 위해 막대한 자본을 AI에 쏟아붓고 있다. 아랍에미리트(UAE)는 미국 정부와 빅테크 기업들이 추진하는 AI 전용 데이터센터 구축 프로젝트 '스타게이트(Stargate)'에 천문학적 오일 머니를 투자하며 글로벌 AI 허브 도약을 꿈꾸고 있다.

도시국가 싱가포르는 한계를 명확히 인식하고 실용적 전략에 집중한다. 구글이나 마이크로소프트 등 글로벌 빅테크 기업을 적극 유치해 싱가포르를 최신 기술을 시험해 볼 수 있는 테스트베드로 제공한다. 이 과정에서 자연스럽게 기술과 노하우를 습득하고 자국 산업에 적용한다. 또 'AI 싱가포르(AISG)' 같은 전문 기관을 설립해 산업 현장에 바로 투입할 수 있는 실전형 인재를 양성한다. 규제에 치중하지 않고, 기업 자율성을 존중하는 유연한 정책을 펼치는 것도 특징이다. '시-라이언(SEA-LION)'처럼 동남아시아

언어·문화에 특화된 자체 모델 개발도 병행하며 AI 강소국 입지를 다지고 있다.

　이처럼 각국의 소버린 AI 전략은 근본적인 노선의 차이를 드러낸다. 프랑스와 한국이 국가 주도형 '챔피언 육성' 모델을 추구하는 반면, 싱가포르는 글로벌 거인들을 위한 중립적 테스트베드 역할을 자처하며 위험을 분산한다. UAE는 자본을 앞세워 인프라를 구축하고 있다. 이들 각 국가의 접근법은 미국과 중국의 영향권에서 벗어나려는 실험이자 도전이다.

◆ 대한민국의 승부수, 피지컬 AI

　유럽은 최근 글로벌 디지털 기술 경쟁에서 뒤처지긴 했지만, 여전히 과학과 수학 등 기초 학문의 저력이 탄탄하다. 중동 지역은 오일 머니를 과감히 투입할 수 있고, 싱가포르는 유연한 규제와 과감한 대외 개방 전략으로 불리한 여건 속에서도 성공적으로 혁신을 이어온 경험이 있다.

　그렇다면 다른 나라가 갖지 못한 우리나라만의 장점은 무엇이 있을까? 세계 기술 패권 경쟁 속에서 우리가 소버린 AI 분야에서 가질 수 있는

아랍에미리트(UAE)에 스타게이트 프로젝트를 위한 대규모 데이터센터가 건립된다.
ⓒ UAE 국영기업 G42

미국 스타트업 피겨가 개발한
휴머노이드 로봇 헬릭스.
© 피겨

차별점으로 '피지컬 AI(Physical AI)'를 꼽을 수 있다. 우리나라는 언어모델 개발에 머무르지 않고, 차세대 AI로 주목받는 '피지컬 AI'를 국가 AI 전략의 핵심축으로 설정했다.

피지컬 AI란 텍스트 중심의 언어모델 AI를 넘어, 현실 세계의 물리적 환경에서 데이터를 인지하고 상호작용하도록 설계된 AI를 말한다. 물리적 실체를 가지고 현실 세계에서 주변과 상호작용하며 움직이는 존재를 만들려는 노력이다. AI가 디지털 영역을 넘어 현실 세계에서 물리적으로 주변을 인식하고, 상황을 이해하며, 복잡한 행동을 수행할 수 있도록 하는 것이 핵심이다. 몸을 가진 AI 모델이라고도 할 수 있다. SF 영화에 종종 등장하는, 사람과 꼭 닮은 휴머노이드 로봇을 개발하기 위한 첫 단계라고도 할 수 있다.

특히 피지컬 AI는 AI 시장과 기술에 새로운 도약을 불러올 것으로 기대된다. 인간 등 생물의 지능이 언어뿐 아니라 몸을 움직이고 세상을 감각하는 과정에서 얻는 경험에 바탕을 두고 있다는 점을 생각하면 현실 세계와 상호작용하는 피지컬 AI는 인간과 같은 '일반인공지능(AGI)'에 도달하기 위한 필수 요건이라 할 수 있다.

산업적 측면에서 봐도 제조, 물류, 가사, 돌봄, 군사, 치안, 교통, 물류 등 모든 분야의 판도를 완전히 바꿔놓을 수 있다. 글로벌 시장조사업체 스태티스타에 따르면, AI 로보틱스 시장은 2020년 약 50억 달러(약 7조 원)에서 2030년 약 643억 달러(약 85조 원) 규모로 성장할 전망이다. 이미 빅테크 기업들이 로봇과 피지컬 AI를 위한 AI 기술 개발에 나섰고, 정교한 휴머노이드 로봇을 만드는 스타트업들이 주목받고 있다.

엔비디아 역시 피지컬 AI에 진심이다. 젠슨 황 CEO는 미국 라스베이거스에서 열린 CES 2025에서 "AI의 다음 프론티어는 피지컬 AI"라고 선언했다. 여기서 황 CEO가 이재용 회장, 정의선 회장과 '깐부'를 먹고 치맥을 함께한 이유가 나온다. 삼성전자는 세계 최대 반도체, 스마트폰 제조사이고,

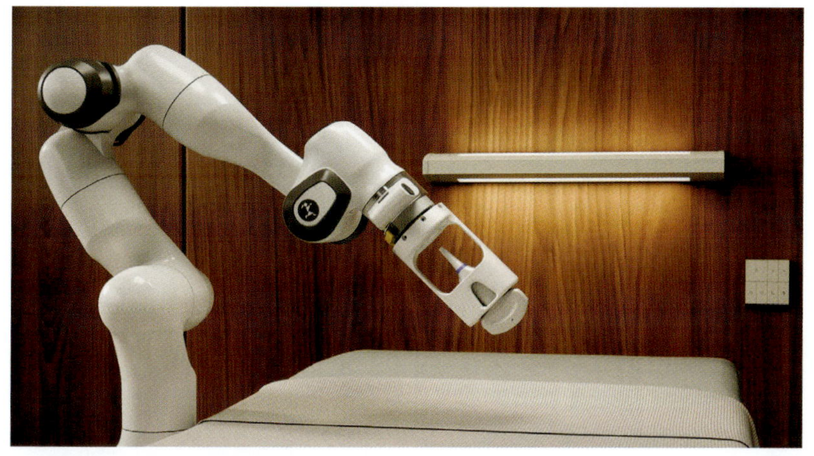

엔비디아가 GE헬스케어와 함께 개발한 의료용 피지컬 AI 로봇.
ⓒ 엔비디아

현대자동차그룹 역시 글로벌 자동차 제조사다. 이들의 거대한 생산 라인에서 피지컬 AI를 훈련시킬 양질의 최첨단 데이터가 쏟아져 나온다. 그리고 이렇게 만들어진 피지컬 AI 기반 로봇을 실제 활용할 최고의 고객이 된다. 삼성전자와 현대자동차 역시 이 같은 피지컬 AI 로봇이 상용화되면 가장 큰 이득을 얻는다.

삼성전자와 현대차뿐 아니다. 한국은 반도체와 자동차 외에도 전자, 조선, 방위, 배터리, 석유화학, 기계 등 제조업 분야 전반에 걸쳐 세계 정상급의 경쟁력을 갖췄다. 미국과 유럽이 첨단 과학기술 기반의 설계와 디자인, 금융 등의 영역으로 이전하는 동안 우리나라는 제조업 분야 역량을 꾸준히 지켜왔다. 더구나 세계 공장 역할을 하던 중국이 미국과의 패권 경쟁 과정에서 서구권과 분리되기 시작하면서 자유 민주주의 세계에서 전방위적 제조 역량을 갖춘 몇 안 되는 나라 중 하나인 우리나라의 전략적 가치는 더 커졌다.

한국의 이 같은 제조업 기반은 피지컬 AI 시대에 어떤 국가도 따라오기 힘든 강력한 경쟁력으로 작용한다. 대량으로 확보된 GPU를 활용해 제조 현장에 특화된 피지컬 AI 모델을 개발하고, 이를 통해 '국가 핵심 산업의 AI 전환(AX)'과 글로벌 AI 선도국 도약이라는 두 마리 토끼를 동시에 잡을 수 있다는 말이다. 이에 따라 정부는 피지컬 AI를 우리나라 AI 정책의 핵심에 두고 산학연 연구 및 협력을 위한 '피지컬 AI 글로벌 얼라이언스'를 출범하

2025년 9월 29일에 개최된
'피지컬 AI 글로벌 얼라이언스'
출범식.
ⓒ 과기정통부

는 등 상용화를 위한 정책적 지원을 이어가고 있다.

✦ 소버린 AI의 그림자

하지만 소버린 AI 정책에 대한 비판도 만만치 않다. 스스로 주도하는 AI에 대한 기대 이면에는 막대한 비용과 기술 역량의 한계, 국제적 고립 가능성 등의 어두운 그림자가 함께 존재한다. 자칫 막대한 자원 낭비와 기술적 퇴보로 이어질 수 있다는 뜻이다.

가장 현실적인 비판은 성능 문제다. 자국 내 제한된 데이터와 자원으로 개발된 AI 모델이 과연 챗GPT나 제미나이 같은 글로벌 프런티어 모델과 경쟁할 수 있겠냐는 것이다. 사용자들은 결국 성능이 더 뛰어난 서비스를 선택할 것이기 때문이다. 이것은 이미 세계에서 챗GPT를 가장 많이 쓰는 나라 3곳 중 하나인 한국에도 똑같이 해당된다. 막대한 세금을 쏟아부어 만든 AI가 결국 시장의 외면을 받고 심각한 자원 낭비로 귀결될 수 있다.

또 세계 최신 AI 기술과 글로벌 트렌드에서 고립돼 독자 노선만 고집하는 함정에 빠질 수 있다. 'AI 갈라파고스'가 될 수 있다는 의미다.

소버린 AI가 더 많은 AI 반도체를 팔고 싶어 하는 엔비디아의 마케팅

'피지컬 AI 글로벌 얼라이언스' 출범식에서 배경훈 과기정통부 장관이 "얼라이언스를 통해 AI 주권을 확보하고, 세계적 기술 경쟁력을 갖추는 토대를 확보하겠다"고 밝혔다.
ⓒ 과기정통부

전략이라는 비판도 설득력 있다. 엔비디아가 각국 정부에 GPU를 판매하기 위해 고안한 고도의 마케팅이라는 지적이다. 소버린 AI의 필요성을 알리는 메시지를 통해 엔비디아는 모든 나라에 "AI의 소비자가 아닌 생산자가 돼라"고 설득한다. 하지만 이는 "우리 반도체의 소비자가 돼라"는 말과 같다는 뜻이다. 각 국가의 주권 의식을 자극해 GPU 판매를 극대화하려는 전략이라는 분석이다.

우리나라 역시 상황은 복합적이다. 정부는 독자 AI 모델을 개발하기 위해 막대한 예산을 투입하고 있지만, 바로 그 프로젝트에 참여하는 삼성전자나 SK 같은 민간 기업들은 오픈AI와 손잡고 700조 원 규모의 초대형 AI 인프라 구축 프로젝트 '스타게이트'에 참여하며 글로벌 협력을 강화하고 있다.

따라서 소버린 AI는 단순히 폐쇄적인 국내 기술 생태계 구축을 의미하지 않는다. 오히려 글로벌 시장에서 '선택받는 기술'을 확보해 국제 경제 및 안보 지형에서 무시할 수 없는 입지를 구축하려는 기술적·산업적·외교적 전략으로 해석해야 한다는 주장이 힘을 얻고 있다.

스마트폰 해킹

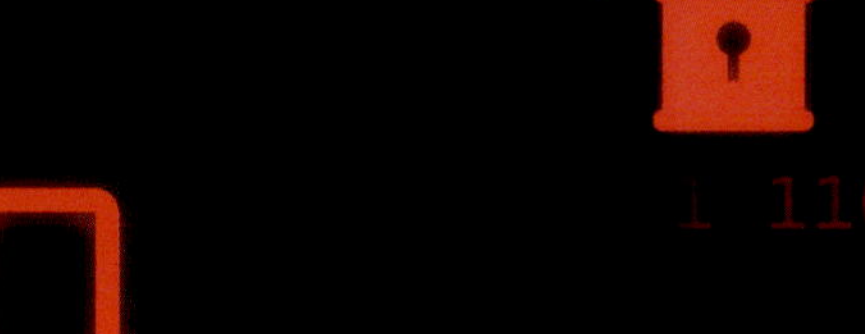

박응서

고려대 화학과를 졸업하고, 과학기술학 협동과정에서 언론학 석사 학위를 받았다. 동아일보사의 《과학동아》에서 기자 생활을 시작했고, 동아사이언스 eBiz팀과 온라인뉴스팀 팀장, 《수학동아》와 《어린이과학동아》 부편집장, 《머니투데이방송》 선임기자, 《테크월드》 편집장, 《이뉴스투데이》 IT 과학부&생활경제부 부장, 《이코노믹리뷰》 산업부 부국장을 역임했으며, 현재는 《스트레이트뉴스》 산업부 부국장을 맡고 있다. 지은 책으로는 『테크놀로지의 비밀찾기』(공저), 『기초기술연구회 10년사』(공저), 『지역 경쟁력의 씨앗을 만드는 일곱 빛깔 무지개』(공저), 『차세대 핵심인력양성을 위한 정보통신』(공저), 『과학이슈11 시리즈』(공저) 등이 있다.

101 110 010   000 11 00 1 01 011
000 11 00 1 01 011
101 110   010   11 00 1 01 011

스마트폰 해킹, 어떻게 가능했을까?

스마트폰은 다른 전자기기보다 해킹에 강하지만, 2025년 한국에서는 반대의 현상이 나타났다. "계속 써도 괜찮을까?"라는 우려가 나올 정도였다. 이번 사태는 아무리 튼튼한 장비라도 관리가 소홀하면 무너질 수 있음을 보여줬다. 겉으로 드러나지 않지만, 우리의 통신 일상을 지키는 핵심이자 기반이 바로 보안이다. 평소엔 느끼지 못해도 한번 침해당하면 그 중요성을 깨닫게 된다.

2025년 한국 사회는 믿기 힘든 보도를 마주했다. "통신사 내부 시스템이 해킹당했다." SK텔레콤의 핵심 서버 일부가 외부 공격을 받았고, 이 과정에서 유심(USIM) 관련 인증 정보가 유출됐다는 사실이 드러났다. 그동안 '해 킹'이라고 하면 피싱 문자나 악성 앱을 주로 떠올렸는데, 이번 사건은 달랐 다. 통신망의 뿌리인 가입자 인증 시스템이 직접 뚫리는 사태였다.

휴대전화는 단순한 통신 도구가 아니다. 전화, 문자, 금융인증, 공공 로 그인까지 모두 통신망 위에서 작동한다. 유심(USIM)은 이 과정에서 신원을 증명하는 '전자 신분증'과 같다. 하지만 해커가 이 인증 절차를 장악하면, 내 전화번호를 복제하고 본인 인증 문자를 가로채 금융계좌까지 탈취할 수 있 다. 한 번의 해킹으로 수백만 명의 신원과 자산이 동시에 노출될 수 있는 셈 이다.

◆ "휴대전화가 털렸다", 통신망 신뢰 붕괴의 시작

2025년 4월 중순 SK텔레콤(이하 SKT)은 홈페이지에 "일부 고객의 유 심 관련 정보가 악성코드 감염으로 유출된 것으로 추정된다"고 공지했다. 그러나 피해 규모나 구체적 정보는 밝히지 않았다. 이후 과학기술정보통신 부(이하 과기정통부)는 4월 29일 "단말기 고유식별번호(IMEI) 유출은 확인되 지 않았다"고 1차 결과를 발표했고, 이어 "중간조사에서 침해 정황이 확인 된 서버가 다수였다"고 후속 점검에서 밝혔다. 홈가입자서버(HSS) 전체가 뚫렸다고 단정할 수 없지만, 핵심 인증 계열 자원에 대한 외부 접근 정황이 확인된 셈이다. HSS가 이동통신사의 핵심 인증서버라는 점을 고려하면 정 부 조사로 통신망의 '심장부'가 공격받은 정황이 확인된 셈이다. 이에 업계 에서는 이번 사태를 "통신 역사상 최악의 보안 침해"로 평가했다.

이 사건을 계기로 '스마트폰이 안전하다'는 믿음은 완전히 무너졌다. 김승주 고려대 정보보호대학원 교수는 한 매체와 인터뷰에서 "이번 SKT 사 태는 단순 개인정보 유출이 아니라 국가 기반 통신망의 신뢰가 흔들린 사 건"이라며 "통신사 보안은 이제 민간 차원의 문제가 아니라 공공 인프라 차 원에서 관리가 필요한 문제"라고 말했다. 김형중 고려대 정보보호대학원 교 수도 IMSI·Ki 같은 유심 인증 데이터는 스마트폰의 지문과 같다며 이런 정보가 유출되면 복제폰 제작이나 금융사기로 이어질 수 있다고 경고했다.

한편 SKT 사태로 시작한 통신사 해킹 여파는 곧 KT와 LG유플러스(이하 LGU+)에도 번졌다. KT는 불법 펨토셀 기지국을 이용한 해킹으로 고객 휴대전화가 소액결제에 악용되는 사고를 겪었고, LGU+도 9월 고객정보 유출 정황이 드러났지만 즉각적인 공지나 신고 없이 자체 점검에 그쳐 '은폐 의혹'이 제기됐다. 결국 통신 3사 모두 2025년 보안사고를 겪으며 신뢰 위기에 빠졌다.

2025년 4~5월 국회 보고·점검 과정에서 여야 의원들이 SKT 대표를 향해 "신뢰가 완전히 무너졌다"라거나 "역사상 최악의 통신망 해킹"이라며 강하게 질타했다. 그럼에도 정부는 재난문자나 대국민 경보를 발령하지 않았다. 사건 인지 후 일주일이 지나서야 대통령 권한대행이 '통신사 해킹 대응 강화'를 지시했다. 이번 사태는 기술 문제뿐만 아니라 기업과 국가의 대응 구조 부실 문제도 드러냈다. 정보통신망이 멈추지 않았다는 이유로 '사회재난'에 해당하지 않는다는 법 조항이 경보 부재의 원인이었다. 국민은 "내 휴대전화가 털렸는데 왜 아무도 알려 주지 않았느냐"며 분노했다.

한 해킹 관련 전문가는 해킹 피해 통지는 72시간 이내가 원칙이지만, SKT는 사실상 일주일 넘게 침묵했다며 디지털 사회에서 정보 공개 지연은 2차 피해를 키우는 행위라고 지적했다. 그는 통신망 해킹은 개별 기업의 보안 사고가 아니라 국가 경제의 신뢰 시스템 붕괴라고 강조했다. 결국 2025년의 SKT·KT·LGU+ 해킹 사태는 한국이 '세계 최고 수준의 5G 인프라'를 자랑하던 현실의 이면을 드러내며 그 인프라를 지탱하는 보안 체계가 얼마나 취약했는가를 보여 준 역사적 사건이었다.

◆ 손톱만 한 칩 '유심' 안에 숨은 신원 정보

휴대전화 안에는 눈에 잘 띄지 않는 작은 칩 하나가 들어 있다. 바로 '유심(USIM)'이다. 크기는 손톱만 하지만 그 안에는 나를 증명하는 모든 정보가 들어 있다. 스마트폰을 켜면 유심이 "저는 진짜 가입자입니다"라는 신

호를 보내고, 통신사는 이를 확인한 뒤 통화를 연결한다. 우리가 느끼지 못하는 몇 초 사이, 수천만 건의 인증이 동시에 이뤄진다. 유심이 작동하지 않으면 최신 스마트폰이라도 통화, 문자 및 데이터 통신이 전혀 되지 않는다.

유심의 구조를 들여다보면 핵심은 '국제이동가입자식별번호(IMSI)'와 '가입자 인증키(Ki)'다. IMSI는 '휴대전화용 주민번호', Ki는 '기지국과만 공유하는 비밀키'로 비유할 수 있다. 이동통신망은 두 값이 일치해야만 가입자를 인증한다. 통신사는 가입자별 IMSI·Ki 쌍을 보관해 인증 서버에서 비교한다. 누가 전화를 걸든지 이 두 데이터가 일치해야 통화가 성립된다. 이 기술은 원래 통신 품질과 보안 강화를 위해 설계됐다.

하지만 유심 정보가 유출되면 이야기는 달라진다. 해커는 복제 유심을 만들어 다른 단말기에서 내 번호를 그대로 재현할 수 있다. 2025년 4월 SK텔레콤 유심 유출 당시에 업계는 유심이 해킹되면 스마트폰이 아니라 신원 자체가 해킹되는 셈이라며 경계했다. 한 보안 전문가는 "IMSI·Ki가 동시에 유출되면 금융·문자 인증이 모두 뚫린다"며 "특히 공공기관 본인 확인 서비스까지 연쇄 피해가 번질 수 있다"고 지적했다. 일반적으로 두 값(IMSI·Ki)이 모두 노출돼야 유심 복제(SIM 클로닝)가 가능하지만, 최근에는 고객센터를 속여 번호를 빼내는 '심 스와핑(SIM swapping)' 수법처럼 실제 키 유출 없이도 문자 인증이 탈취되는 사례가 늘고 있다. 그 결과 금융·공공 본인 확인까지 위험해졌다.

전문가들은 유심을 '디지털 신분증'으로 정의한다. 김형중 교수는 유심의 IMSI는 주민등록번호보다 더 민감한 정보로, 주민등록번호는 바꿀 수 있지만 IMSI는 평생 유지된다며 이 정보가 노출되면 타인이 나로 가장할 수 있다고 말했다. 또 그는 통신 3사가 관리하는 유심 서버는 국가의 인구 데이터베이스에 준하는 중요성을 가진다며 보안 인식이 아직 그 수준에 미치지 못한다고 지적했다.

문제는 이 정보가 단순 통신용에 그치지 않는다는 점이다. 스마트폰 인증은 은행 계좌 개설, 간편결제, 정부24 같은 행정서비스까지 연결돼 있다. 유심이 털리면 금융·행정·민간 인증이 줄줄이 흔들린다. 과기정통부 관계자는 통신사 인증 정보는 디지털 신원 인프라의 핵심으로, 이번 유출은 단순 개인정보 범위를 넘는다고 밝혔다.

실제로 SKT 해킹 당시 한국인터넷진흥원(KISA) 등 관계기관과 공조해 2차 피해를 점검했다. 유심 정보가 한번 노출되면 피해는 끝이 아니라 시작이다. 김승주 교수는 "유심 정보 유출은 ID카드 복제와 같다. 문제는 복제된 ID카드를 회수할 방법이 없다는 데 있다"며 "사후조치보다 인증 체계 전반을 재설계해야 한다"고 강조했다. 그는 "모든 인증을 유심에 의존하는 구조는 위험하다"며 "생체 인증·클라우드 인증 등 복합인증 체계로 이동해야 한다"고 조언했다.

유심은 더 이상 단순한 통신 부품이 아니다. 우리의 디지털 신원을 통째로 담고 있는 열쇠다. 이번 사건은 이 열쇠가 한 회사의 서버에 의존하고 있다는 구조적 위험을 드러냈다. '손톱만 한 칩'이 한국 사회 전체의 신뢰를 흔들어 놓은 셈이다.

이번 SK텔레콤 해킹 사태는 단순한 시스템 오류가 아니라 오랜 기간 누적된 보안 관리의 허점이 폭발한 결과였다. 해커는 2025년 3월 말부터 SKT 내부망의 일부 관리자 계정을 탈취한 것으로 알려졌다. 과기정통부 민관합동조사단은 관리자 인증 토큰이 악성코드에 의해 외부로 유출된 정황이 있다고 밝혔다. 외부에서 직접 해킹한 것이 아니라 내부 관리자의 컴퓨터를 통해 우회 접근한 것이다. 이 공격 방식은 '공급망 공격(supply chain attack)'과 유사하다. 해커는 먼저 취약한 외주 업체의 계정에 침투한 뒤, 이를 통해 메인 서버에 접근한다. 실제로 SKT 해킹에서도 같은 패턴이

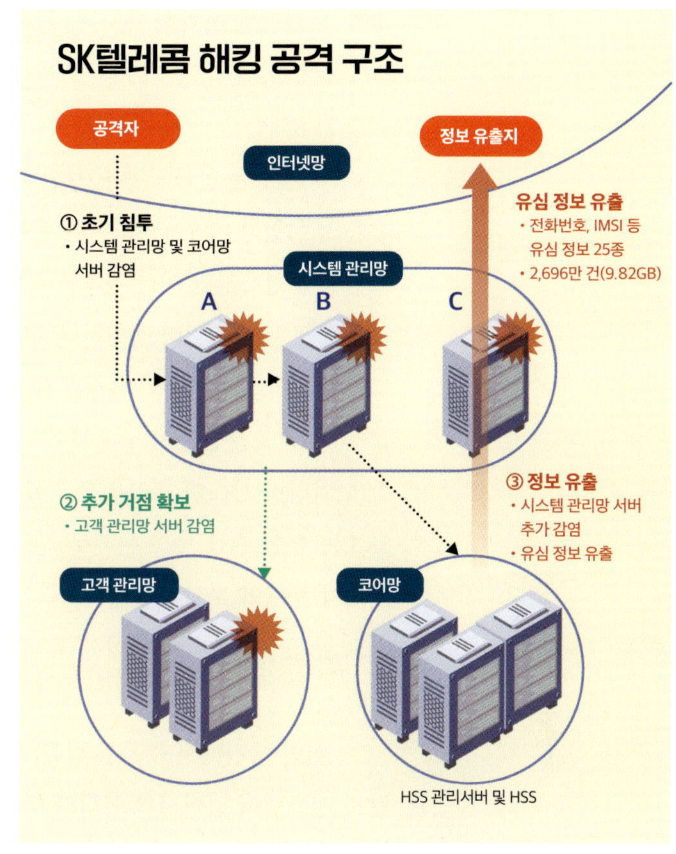

*자료: 과학기술정보통신부

확인됐다. 통신망 유지보수 외주 업체의 네트워크 장비가 감염돼, 이 경로를 통해 HSS 등 주요 인증 서버에 접근한 것으로 조사됐다.

통신망은 기본적으로 '망 분리(network segmentation)'를 통해 외부 접근을 차단한다. 그러나 관리 효율성 때문에 일부 구간은 외주 관리자가 원격 접속할 수 있도록 설정하기도 한다. 문제는 이 과정에서 접근 권한을 제한하지 않았다는 점이다. 해커는 바로 이 틈을 노렸다. 보안업계에서는 망 분리는 보안의 기본이지만 실제로는 외주 효율성을 이유로 많은 기업이 '부분 분리'만 적용한다며 이번 사건은 편의가 보안을 이긴 사례라고 평가했다.

또 다른 문제는 보안 로그 관리 부재였다. SKT는 4월 18일 이상 징후

를 인지했지만, 실제 해킹 시점은 최소 열흘 전으로 추정됐다. 해커가 서버 로그 일부를 삭제했기 때문이다. SKT가 최초 이상 징후를 인지했음에도 보고가 24시간을 초과해 '통신망 침해사고 즉시 보고 규정'을 위반했다는 지적도 받았다. 결국 '탐지보다 보고가 늦고, 보고보다 조치가 느린' 구조가 피해를 키웠다는 분석이 나온다.

이 사건은 한국의 통신 보안 체계가 여전히 '사후 대응형'에 머물러 있음을 보여줬다. 보안 정책 관련 전문가는 "국내 기업 대부분이 침입탐지시스템을 운영하지만 이상 징후를 수동으로 검토한다"며 "AI 기반 이상 징후 자동차단 체계 도입이 절실하다"고 말했다. 그는 "통신망은 초당 수백만 트래픽이 오가므로 사람이 실시간 대응하기 어렵다"고 덧붙였다.

이후 조사단은 SKT에 보안 장비 강화와 외주망 접근 제한, 로그 실시간 모니터링 시스템 도입을 권고했다. 4월 말부터 유심 무상 교체를 공지한 SKT는 유심 수급 등의 문제로 신규가입 중단 등의 조치를 받았다. 그러나 피해자 통지와 보상 범위는 여전히 불명확했다. SKT는 유출 정보는 기술적으로 활용 불가능한 수준이라 주장했지만, 이용자 신뢰는 이미 바닥에 떨어졌다.

이번 사건에서 주목할 점은 기술이 아닌 관리다. 최신 방화벽이나 AI 탐지 시스템이 없어서가 아니라 이미 갖춘 시스템이 '형식적으로만 운영된 것'이 문제였다. 통신망이라는 거대한 구조는 구멍 하나만 있어도 전체가 무너진다. 김승주 교수는 보안은 기술보다 태도의 문제라며 보안을 비용으로 보는 인식이 바뀌지 않으면 같은 사고가 반복될 것이라고 강조했다. 통신사의 신뢰가 기술력보다 한 번의 해킹에 어떻게 대응하느냐로 결정된다는 사실이 드러났다.

✦ KT '유령기지국' 사건의 진실

2025년 9월 KT 가입자 수백 명이 '이용하지 않은 소액결제' 문자를 받았다. 고객센터에 항의가 쏟아졌고, KT는 뒤늦게 '불법 소액결제 피해 접

수'를 인정했다. 이 사건은 기존 SKT 유심 유출과 달리 '유령기지국'을 이용한 공격이었다. 해커는 불법 설치한 초소형 기지국인 펨토셀(femtocell)을 통해 주변 스마트폰 신호를 가로채 결제를 유도했다.

펨토셀은 통신 음영지역 해소용으로 쓰이는 장비다. 출입문 근처나 지하상가에서 통화가 잘되는 이유도 건물 내부에 이런 장비가 설치돼 있기 때문이다. 문제는 이 장비가 본래 통신사 코어망(core network)과 직접 연결된다는 점이다. 그런데 해커가 이 장비를 변조해 설치하면 스마트폰은 이를 'KT 정식 기지국'으로 착각하고 접속할 수 있다. 이 사건이 바로 그 구조였다.

2025년 9월 10일 복수 매체는 "해커가 불법 펨토셀을 설치해 인증을 가로채고 자동결제 앱을 통해 소액결제를 발생시켰다"고 보도했다. 이후 KT는 KISA에 사고를

통신 음영지역 해소용으로 쓰이는 장비 펨토셀.
ⓒ wikipedia/Hotmop

신고했고, 과기정통부는 9월 불법 펨토셀 접속을 차단하기 위해 통신 3사의 신규 펨토셀 접속을 전면 제한하기도 했다. '기지국이 가짜였다'는 사실은 대중에게 큰 충격이었다. '우리가 매일 이용하는 통신 신호가 진짜인지 가짜인지 구별할 방법이 없다'는 불안이 커졌다.

정부는 이후 펨토셀 등록 절차를 강화하고, 장비마다 인증서를 주기적으로 갱신하도록 했다. 그러나 전문가들은 여전히 보안보다 설치 편의성이 우선된 구조를 지적한다. 업계에서는 음영지역 해소용 장비가 늘면서 오히려 새로운 공격 경로가 생겼다며 보안을 전제로 한 설계로 돌아가야 한다는 의견을 내놨다.

이번 사건은 '해커가 네트워크 안으로 들어온' 첫 사례로 평가된다. 과

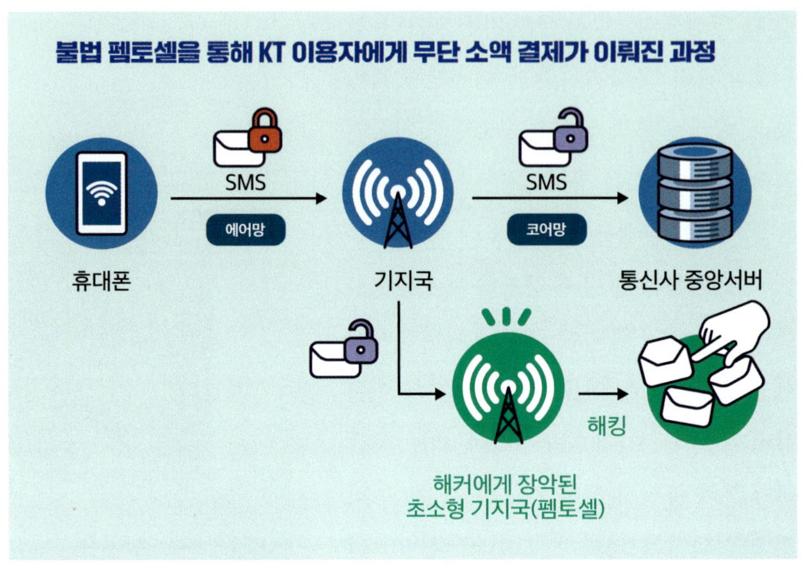

기정통부는 9월 말 '펨토셀 보안 기준 고도화 방안'을 발표했지만, 업계에서는 '뒤늦은 대응'이라고 평가했다. 편의를 위해 만든 시스템이 언제든 공격자의 무기로 둔갑할 수 있다는 구조적 위험을 보여 준 사건이었다. 통신망이 도로라면 펨토셀은 신호등인데, 해커가 가짜 신호등으로 바꿔버린 셈이었다.

◆ LGU+ '조용한 해킹' 뒤 3개월의 침묵

2025년 10월 LGU+는 '조용한 해킹'의 주범으로 지목됐다. 해킹 자체보다 더 큰 문제는 이를 인지하고도 석 달 동안 숨겼다는 의혹이었다. SKT·KT가 이미 피해를 인정한 가운데, LGU+는 이상 징후나 침해사고는 없다는 입장을 고수하다가 뒤늦게 KISA에 신고했다. LGU+는 7월 내부 보안점검에서 일부 서버의 비정상 접속 흔적을 확인했지만, 외부 보고를 하지 않았다. 9월 중순 추가 침입 정황이 드러난 뒤 10월 21일에야 KISA에 침해사고를 신고했다. 최초 인지로부터 석 달이 지난 뒤였다.

더욱 논란이 된 건 사고 직후 일부 서버를 폐기한 정황이었다. 내부 감사보고서에는 해당 서버가 복구 불가능한 상태로 교체됐다는 기록이 남아 있었다. LGU+ 측은 교체 과정에서 폐기됐을 뿐 고의 은폐는 아니라고 해명했다. 그러나 MBC 등 복수 매체는 "보안업체 조언을 받고도 외부 신고를 미뤘다"고 보도했다. 특히 LGU+는 10월 21일 신고서를 제출한 뒤 몇 시간 만에 '해킹 사실 없음'으로 수정된 재신고서를 냈다가 철회해 '은폐 의혹'을 키웠다. 피해 규모는 아직 불명확하지만, 업계에서는 최대 4만 개 계정의 접근 기록이 유출된 정황을 추정한다. KISA는 일부 고객 계정의 비정상 로그인 패턴이 확인됐다며 해외 IP를 경유한 위조 로그인 가능성이 있다고 밝혔다.

보안 전문가들은 해킹보다 늦은 대응이 더 큰 문제라고 지적한다. 업계에서는 사고 발생 72시간 이내 신고는 기본이며 3개월 동안 알리지 않은 건 제도 위반을 넘어 신뢰 문제라고 지적했다. LGU+가 정부 조사보다 언론 보도를 먼저 맞이했다는 사실 자체가 구조적 문제를 드러냈다는 분석이다.

보안 전문가들은 해킹 자체보다 '늦은 대응'과 '정보 은폐'가 더 문제라고 입을 모았다. 한 보안 전문가는 "통신사는 법적으로 주요 정보통신기반시설에 해당한다"며 "사고 은폐는 전력·가스 사고 은폐와 다를 바 없다"고 비판했다. 이 논란에 대해 홍범식 LGU+ 대표는 국회에서 "침해와 유출을 분리해서 생각했다"며 "침해 사고가 확인되기 전까지는 침해하지 않은 것이 맞다고 이해했다"고 해명했다.

과기정통부는 10월 24일 긴급 점검에 착수해 은폐나 신고 지연이 확인될 경우 행정처분을 검토하겠다고 밝혔다. LGU+ 사태는 통신 3사 중 가장 불투명하게 처리된 사건으로 남았다. SKT가 '즉각 보고', KT가 '기술 원인 인정'으로 대응한 데 비해, LGU+는 '은폐 의혹'으로 신뢰를 잃었다. 결국 이번 사태는 단순 기술 침입이 아니라 '신뢰의 침해'였다. 국민은 해커보다 기업의 침묵을 더 두려워해야 했다.

◆ 법의 사각지대에 놓여 있는 통신 해킹 사고

SK텔레콤 해킹은 단순한 보안사고가 아니었다. KT의 펨토셀 해킹,

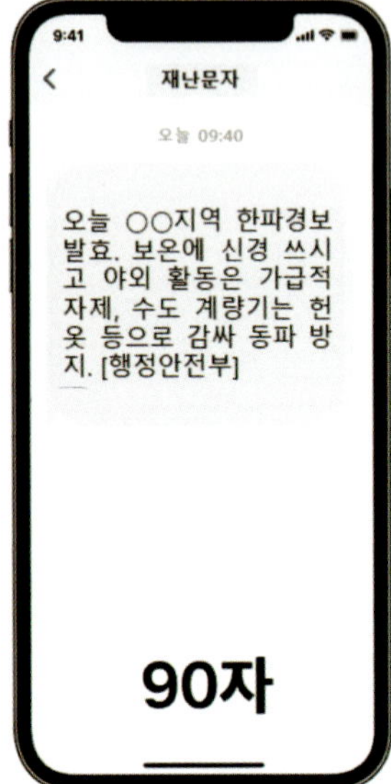

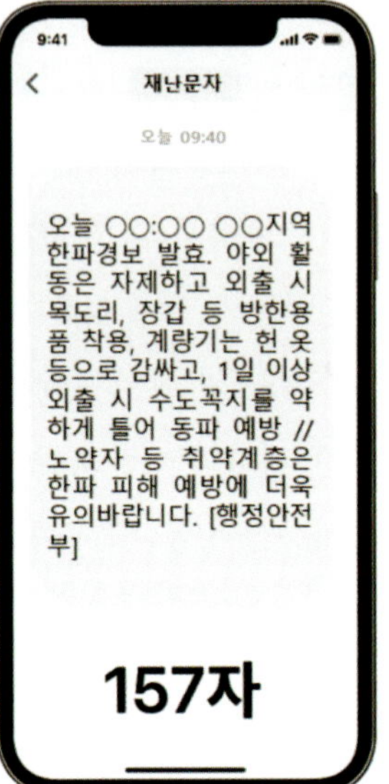

●
재난문자의 예시. 기존에
90자 이내로 제한돼 있다가
최대 157자까지 확대된다.
일각에서는 '사이버
재난문자'를 도입해야 한다고
제안한다.
ⓒ 행정안전부

LGU+의 은폐 논란까지 이어지면서 국민의 분노는 왜 아무도 알려 주지 않았느냐로 모아졌다. 해킹은 4월 18일 발생했지만, 정부의 공식 발표는 열흘 뒤였다. 피해자들은 자신이 해킹됐는지도 모른 채 일주일을 보냈다. 과기정통부와 KISA는 사실관계 확인에 시간이 필요했다고 해명했지만, 법적 한계도 존재했다.

현행 '재난 및 안전관리 기본법'은 화재·붕괴 등 물리적 피해만 '사회재난'으로 본다. 통신망이 작동 중이면 재난문자를 발송할 법적 근거가 없다. 2022년 카카오 데이터센터 화재 때는 서비스 중단으로 재난문자가 나갔지만, 이번엔 '네트워크가 멈추지 않았다'는 이유로 국민 경보가 제외됐다. 한 통신보안 전문가는 "디지털 시대에 법이 현실을 따라가지 못한다"며 "데이터 유출도 국가안보 차원의 재난으로 분류해야 한다"고 강조했다. 한 전문가는 "정보통신망법은 장관이 사업자에게만 경보를 내리도록 돼 있어 국민에게 직접 알릴 체계가 없다"며 행안부와 연계한 '사이버 재난문자' 제도 도입을 제안했다.

실제로 SKT는 해킹 사건 발생 일주일 뒤 "유심 보호 서비스 가입을 권장한다"는 문자만 발송했을 뿐, 어떤 정보가 얼마나 유출됐는지는 밝히지 않았다. 피해자들은 스스로 피해 여부를 확인해야 했고, '유심 복제 피해' 검색량이 일주일 새 7배나 급증했다.

KISA 관계자는 "유출 사실을 알게 되면 즉시 통보해야 한다"며 "해킹은 속도전인데, 72시간을 넘기면 이미 통제 불가능한 단계가 된다"고 말했다. 법조계도 통지 지연은 행정벌 사유라고 본다. 한 변호사는 "유출 피해가 광범위할수록 기업의 설명 의무는 더 강화된다"고 지적했다. 한 커뮤니케이션 전문가는 "정부의 위기 커뮤니케이션이 전혀 작동하지 않았다. 물리적 피해가 없더라도 국민 불안이 커지면 정보 공개가 가장 좋은 예방책"이라며 "국가 사이버 위기 경보 체계를 민간에도 확대 적용해야 한다"고 조언했다.

이번에 국민은 '법의 사각지대'에서 방치됐다. 정부는 물리적 재난만을 상정한 법령에 묶였고, 통신사는 확인 중이라며 책임을 미뤘다. 보안업계에서는 국가가 직접 통지 체계를 갖추지 않는 한, 국민은 기업의 자율에 맡겨진 상태라며 사이버 위기 대응체계가 재난 대응 수준으로 격상해야 한다는 의견을 제시했다. 통신망은 꺼지지 않았지만, 국민의 신뢰는 이미 꺼졌다. '눈에 보이지 않는 재난'을 관리할 법과 시스템이 없는 한, 또 다른 해킹은 언제든 반복될 수 있다.

이번 사태는 해킹보다 더 위험한 사실을 드러냈다. 정부가 해킹을 인지하고도 통신사에 자료 제출을 강제할 수 없다는 점이다. 현행 '정보통신망 이용촉진 및 정보보호 등에 관한 법률' 제48조의4는 "과학기술정보통신부 장관은 정보통신서비스 제공자의 정보통신망에 중대한 침해사고가 발생한 경우, 침해사고의 원인 분석 및 대책 마련을 위해 필요하다고 인정하면 정보보호에 전문성을 갖춘 민·관 합동조사단을 구성하여 그 침해사고의 원인을 분석할 수 있다"고 규정한다. 그러나 사업자가 자료 제출을 거부하거나 지연해도 처벌은 1,000만 원 이하의 과태료에 불과하다.

통신사가 보안상 이유로 제출하기 어렵다고 말하면 정부는 이를 강제로 가져올 방법이 없다. 실제로 4월 조사단 회의에서 SKT가 "HSS 접근 로그는 사내 보안정책상 외부 공개가 어렵다"고 답하면서 논란이 일었다. 조사단 내부 관계자는 "핵심 데이터가 빠진 상태로 조사를 진행해 한계가 있었다"고 토로했다.

한 전문가는 "조사단 권한을 공정거래위원회 조사 수준으로 강화해야 한다"고 제안했다. 공정위는 자료 제출 거부 시 이행강제금 부과와 형사처벌까지 가능하지만, 과기정통부는 이 같은 권한이 없다. 그는 "해킹 사고는 공정거래법상 담합보다 더 광범위한 피해를 유발한다"며 "법적 구속력 있는 조사 체계가 필요하다"고 지적했다.

반면 통신업계는 정부 조사권 강화가 기업 보안정보 유출로 이어질 수 있다며 신중한 입장을 보였다. 한 통신사 임원은 "조사단이 과도한 접근 권을 가지면 기업 내부 보안 구조가 외부에 노출될 수 있다"며 "조사 절차에 명확한 한계를 둬야 한다"고 주장했다.

국민의 휴대전화가 해킹당해도 누가 피해자인지 확인하는 과정조차 '통신사 내부 절차'에 맡겨져 있었다. 이번 사태는 기업의 투명성 부족이 아니라 국가가 국민에게 알려야 할 권리를 기업에 외주를 준 결과인 셈이다.

✦ 미국·EU·일본은 어떻게 막았나?

한국의 통신사 해킹 사태는 세계적으로 드문 일이 아니다. 다만 '대응 속도'에 차이가 있다. 미국은 2021년 조 바이든 대통령의 행정명령 14028 호로 사이버보안을 국가안보 체계에 편입했고, 2022년 '사이버 인시던트 보고법(CIRCIA)'을 제정해 주요 인프라 기업의 해킹 발생 72시간 내 보고를

유럽연합(EU)은 2018년 '일반 개인정보 보호 규정(GDPR)'을 도입해 72시간 이내의 신고를 의무화했다.

의무화했다. 이를 어길 경우 미국 사이버보안 및 인프라 보안국(CISA)이 직접 조사하거나 FBI가 수사할 수 있게 했다. 2024년 AT&T 해킹 당시 미국 법무부와 FBI, CISA가 공조하며 대응했다. 반면 한국은 SKT 해킹 발생 열흘 뒤에야 첫 발표가 나왔다. KISA 이재용 단장은 "우리나라는 보고 의무는 있지만 위반해도 실질적 처벌이 없다"고 지적했다.

유럽연합(EU)은 2018년 '일반 개인정보 보호 규정(GDPR)'으로 72시간 내 신고 의무를 도입했고, 2023년 시행된 '네트워크 및 정보 보안 지침 2(NIS2)'로 국가기반시설 기업이 침해사고를 보고하지 않으면 매출의 최대 2% 과징금을 부과한다. 일본은 2024년 '사이버보안기본법 개정안'으로 이동통신망을 '사이버특정기반시설'로 지정하고, 2025년 5월에는 '사이버 대응능력 강화법안'을 통과시켰다. 민관 협력을 강화하고, 사이버 공격에 대한 정부 대응 지원 노력을 강화한 법안이다. 이처럼 외국은 보안을 '시장'이 아닌 '안보'로 본다. 한국의 느린 대응은 바로 이 관점의 차이에서 비롯됐다.

최근 정부가 기존 관행 전환에 나서고 있다. 2025년 9월 22일 김민석 국무총리는 정부서울청사에서 열린 '통신사·금융사 해킹 사고 긴급 현안 점검 회의'에서 "기업의 신고가 있어야만 조사가 가능했던 기존 관행을 바꾸겠다"며 "앞으로는 직권으로 해킹 사고를 조사할 수 있도록 권한을 강화할 것"이라고 밝혔다. SK텔레콤 유심 정보 유출, KT 무단 소액결제, 롯데카드 개인정보 유출처럼 연이어 터진 대형 해킹 사고로 국민 불안이 확산되자 정부가 강도 높은 대응책을 내놓은 것이다.

✪ AI·양자보안으로 막을 수 있나?

2025년의 해킹 사태 이후, 업계는 기술로 문제를 풀려는 시도를 본격화했다. 그 중심에는 AI 보안과 양자암호통신이 있다. AI 보안은 패턴 학습을 통해 이상 징후를 자동 탐지하는 기술이다. 보안업계에서는 AI 보안관제 시스템을 도입하면 탐지 시간을 크게 단축할 수 있다고 보고 있다. 하지만 한 정보보호 전문가는 "AI는 과거 데이터를 기반으로 학습해 새로운 공격엔 취약하다”며 “인간 전문가의 판단이 여전히 필요하다”고 지적했다.

양자암호통신은 빛의 입자(photon)를 이용해 절대 복제가 불가능한 암호키를 만드는 기술이다. LGU+는 한국전자통신연구원(ETRI)과 협력해 2025년 9월 국내 최초 양자암호 기반 5G 보안망을 구축했다. 한 전문가는 “양자암호는 물리적으로 해독 불가능한 암호”라고 설명했다. 그러나 장비 비용이 일반 보안 장비의 10배에 달해 전국망 적용에는 5년 이상이 걸릴 전망이다. 과기정통부는 ‘양자보안 인프라 확산 로드맵(2025~2030)’을 발표해 예산을 두 배로 늘리고, AI 보안기업에 세제 혜택을 주려고 검토하는 중이다.

한편 분산ID(DID) 등 차세대 인증 기술도 주목받는다. DID는 사용자 정보가 중앙서버가 아닌 개인 단말에 암호화돼 저장되는 구조다. KISA는 2025년 8월 ‘DID 기반 본인 확인 서비스’ 시범사업을 시작했다.

완벽한 방어 기술은 없지만, 기술은 피해 속도를 늦춘다. 2025년의 해킹 사태는 ‘사람보다 시스템이 느렸던 사건’이었다. AI와 양자보안은 그 속도 격차를 줄이는 첫걸음이 될 것이다.

✦ “보안은 비용이 아니다” 다시 신뢰의 기술을 세워야

SKT 해킹 사태 이전까지만 해도 대부분의 국민은 통신사는 안전하다고 믿었다. 휴대전화는 늘 손에 들려 있었고, 그 안의 정보는 ‘보호받고 있다’고 생각했다. 하지만 2025년 그 믿음이 산산이 부서졌다. SKT 고객센터에는 ‘번호이동을 하겠다’는 문의가 폭주했다. 실제로 5월 한 달간 이동통신사 간 번호이동 건수는 93만 건으로 전월 대비 35% 증가했다. 고객은 더 이상 ‘요금’이 아니라 ‘보안’을 기준으로 통신사를 고르기 시작했다.

언론도 연일 ‘보안 체계 재점검’을 촉구했다. 동아일보는 사설에서 “해킹이 일어났다는 사실보다 더 심각한 것은 국민이 아무 설명도 듣지 못했다는 점”이라며 “정보통신 서비스의 신뢰가 무너지면 디지털 전환은 모래 위의 성에 불과하다”고 지적했다. 한 IT보안 전문가는 “디지털 신뢰는 보이지

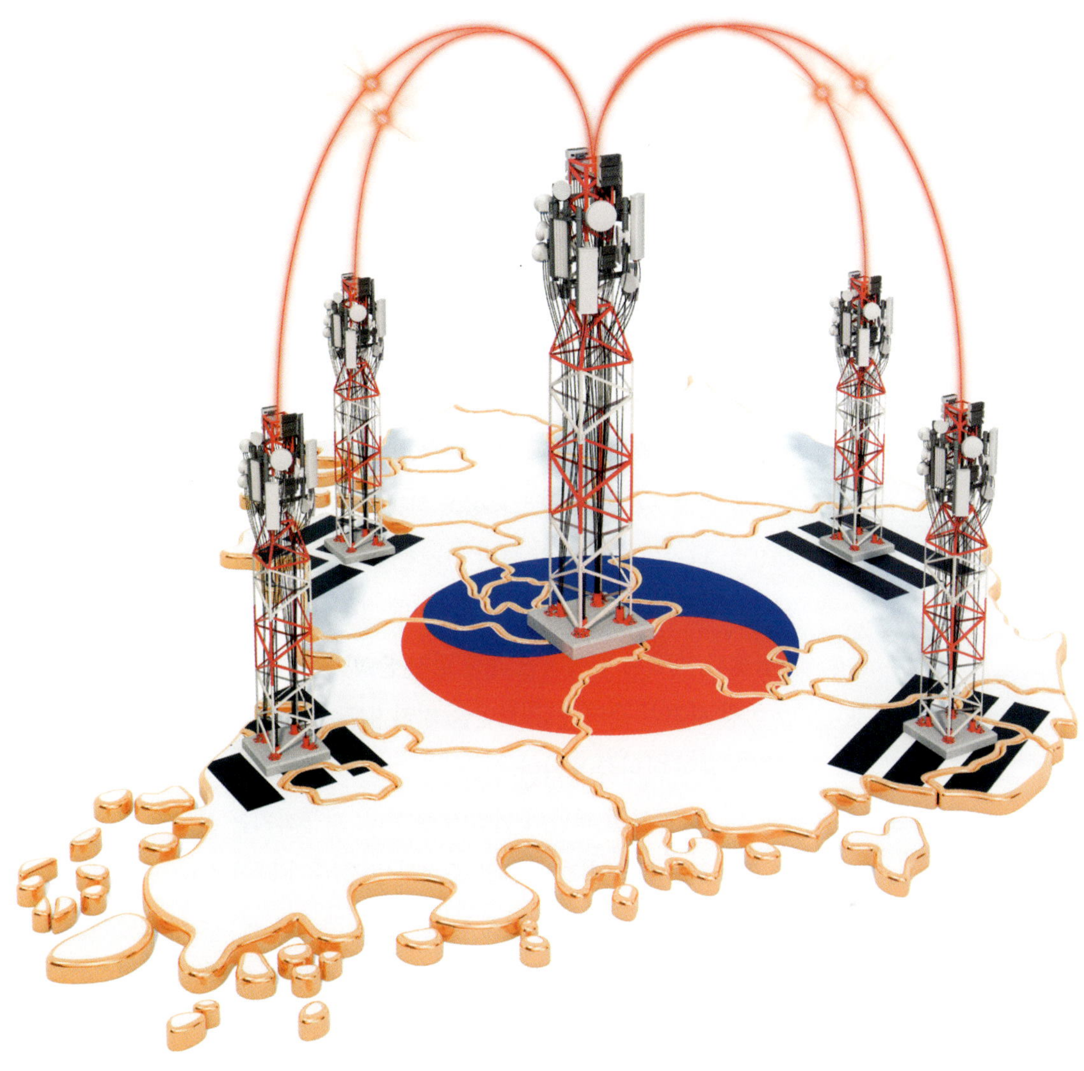

않지만 일상을 지탱하는 기반이다. 이번 사건은 국민이 처음으로 '보이지 않는 위험'을 체감한 계기"라며 "이후 보안이 생활의 일부로 인식되는 전환점이 될 것"이라고 분석했다.

실제로 2025년 하반기 들어 통신사 보안보험과 데이터보호서비스 가입률이 급증했다. KT가 7월 선보인 '보안플러스 요금제'는 출시 2주 만에 가입자 50만 명을 돌파했다. LGU+는 'AI 보안 알리미' 서비스를 추가했는데, 가입자 중 40%가 40대 이상이었다. 해킹이 '보안의 고령층 무관심'을 깬

한국이 국민의 불신을 잠재우고 통신 강국의 위상을 회복하려면, 필수적인 보안 체계를 갖추고 신뢰 위에 기술을 세워야 한다.

셈이다.

　하지만 이런 변화가 긍정적인 면만 있는 것은 아니다. 국민은 기술을 더 이상 '편리함'으로 보지 않는다. SNS에서는 "휴대전화가 무섭다" "이제는 문자도 못 믿겠다"는 불안이 확산됐다. 한 경제심리학자는 "보안 불신은 소비 위축으로 이어진다"며 "디지털 서비스의 이용률이 떨어지면 산업 성장 자체가 둔화된다"고 우려했다. 결국 이번 사건은 '신뢰의 기술'이 사라진 사회를 만든 셈이다. 통신망이 안정돼도, 국민의 마음속엔 아직 빨간 경고등이 켜져 있다.

　2025년 한국은 세계 최고 수준의 5G 보급률을 자랑하지만, 그 기반이 얼마나 취약한지도 드러냈다. 이제 한국 사회는 질문해야 한다. 통신이 끊기지 않는 나라가 아니라 통신이 안전한 나라를 만들려면 무엇이 필요한가? 첫째, 보안에 대한 인식을 바꿔야 한다. 그동안 기업은 보안을 '필요경비'로 취급했다. 매출이 떨어지면 가장 먼저 줄이는 항목이 보안 예산이었다. 하지만 이번 사건이 증명했듯, 보안을 지키지 않으면 모든 매출이 사라진다. 보안은 비용이 아니라 투자다.

　둘째, 정부의 역할이 달라져야 한다. 지금까지는 사고가 나야 움직였다. 앞으로는 사고를 '예상하고 준비하는 정부'가 돼야 한다. 사이버 공격은 군사 작전과 다르지 않다. 선제 탐지와 시뮬레이션, 국민과의 소통이 핵심이다. 셋째, 국민 스스로도 '디지털 방역'의 주체가 돼야 한다. 한 보안 전문가는 "개인은 백신 프로그램보다 더 강력한 방어선"이라며 "무심코 설치하는 앱, 클릭 한 번이 보안을 무너뜨린다"고 말했다. 그는 "국가가 안전망을 깔아주더라도 이용자의 경각심이 없다면 무용지물"이라고 덧붙였다.

　넷째, 국제 공조를 강화해야 한다. 해커의 국적은 없다. 이번 사건에서도 공격의 일부는 중국과 동남아 서버를 거쳐 왔지만, 추적은 불가능했다. 사이버 범죄는 국경을 넘지만, 한국의 대응은 여전히 국내법 안에 갇혀 있다. 마지막으로 투명성이 신뢰의 출발점이어야 한다. SKT, KT, LGU+ 해킹 사태의 본질은 기술이 아니라 '숨김'이었다. 기업이 정보를 숨기고, 정부가 늦게 발표하면서 국민의 불신은 걷잡을 수 없이 커졌다. 한국인터넷진흥원

(KISA) '침해사고 대응 가이드라인'은 사고 사실의 신속한 공개와 정보 공유가 2차 피해 최소화의 핵심이라고 명시한다.

보안은 눈에 보이지 않는다. 그러나 이번 사건을 통해 우리는 깨달았다. 보안은 전선 뒤에 있는 것이 아니라 일상의 전면에 있어야 한다. 휴대전화의 신호 한 줄, 결제 한 번, 로그인 한 번이 모두 신뢰 위에 세워진 기술이다. 2025년의 통신 3사 해킹 사태는 단순한 기술 사고가 아니었다. 국가적 경보로 삼아야 할 사안으로, 기술의 안전장치가 아니라 사회의 경계심이 해체된 사건이다. 이제 한국은 다시 신뢰의 기술을 세워야 한다. 이것이 진짜 '스마트 국가'로 가는 길이 아닐까.

치매 정복

오혜진

서강대에서 생명과학을 전공하고, 서울대 과학사 및 과학철학 협동과정에서 과학기술학(STS) 석사 학위를 받았다. 이후 동아사이언스에서 과학기자로 일하며 과학잡지 《어린이과학동아》와 《과학동아》에 기사를 썼다. 현재 과학전문 콘텐츠기획·제작사 동아에스앤씨에서 기자로 일하고 있다.

ENTIA

치매 정복 가능한가?

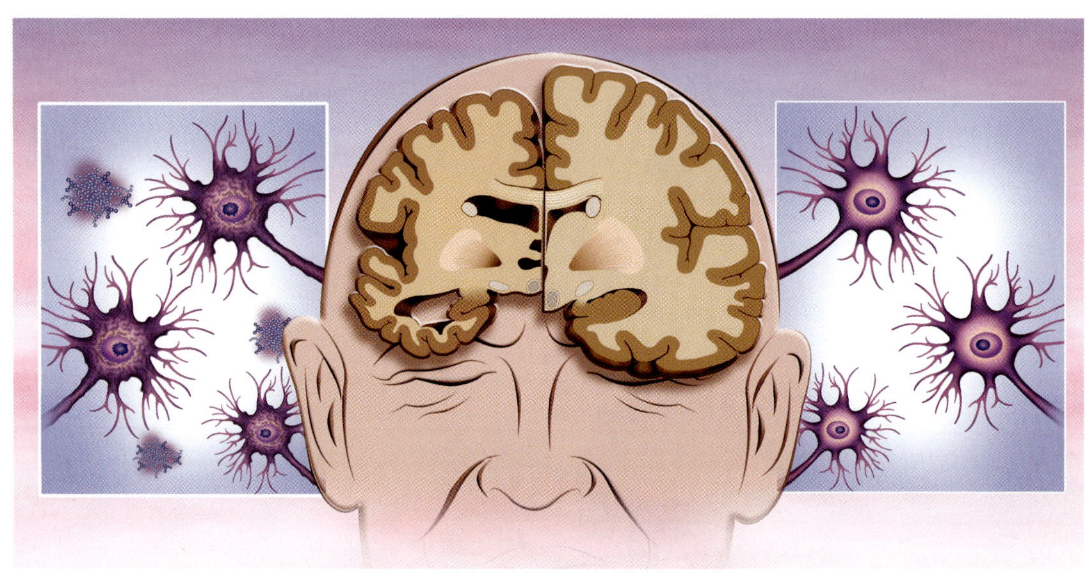

건강한 사람의 뇌(오른쪽)와
치매에 걸린 환자의 뇌(왼쪽)는
어떻게 다를까?

2017년 마이크로소프트(MS) 창업자 빌 게이츠는 치매 연구에 1억 달러(약 1,400억 원)를 투자하겠다고 선언했다. 세계에서 가장 부유한 사람이었지만, 그런 그도 돈으로 살 수 없던 것이 있었다. 바로 아버지의 기억이다. 알츠하이머병으로 천천히 가족을 잊어 가던 아버지를 지켜보며, 그는 치매가 인류가 반드시 해결해야 할 과제라는 것을 깨달았다. 그의 이야기는 개인의 비극에 머물지 않는다. 지금 전 세계가 같은 문제 앞에 서 있다. 평균 수명은 길어졌지만, 우리의 뇌는 그만큼의 시간을 견디지 못하고 있다. 의학은 인간에게 장수를 선물했지만, 그 대가로 기억을 잃는 시대가 찾아왔다.

세계보건기구(WHO)에 따르면 현재 전 세계 치매 환자는 약 5,500만 명이다. 매년 1,000만 명씩 새로운 치매 환자가 발생한다. 2050년이면 환자 수는 1억 5,000만 명에 이를 것으로 예측된다. 고령화 속도가 빠른 한국은 더 심각하다. 2025년 치매 환자는 97만 명, 1년 뒤인 2026년에는 100만 명을 돌파할 전망이다.

기억을 잃는다는 것은 단지 누군가의 이름과 얼굴을 잊는 일에 그치지 않는다. 그것은 한 사람의 정체성과 관계, 삶의 궤적이 서서히 지워지는 과정이다. 게다가 치매는 환자 한 사람만의 질병이 아니다. 가족의 삶을 송두리째 바꾸고, 사회 전체를 뒤흔든다. 경제적 부담도 막대하다. 한국에서는 2023년 기준으로 치매 환자 한 명을 돌보는 데 연간 1,700~3,000만 원이 들었다. 국가 전체로 따지면 약 14조 6,000억 원. 이 숫자는 앞으로 기하급수적으로 불어날 것이다.

문제는 치료법이 여전히 제자리라는 점이다. 수많은 신약이 임상시험에서 실패했고, 치매 정복은 요원한 꿈처럼 보였다. 하지만 최근 몇 년, 오랜 어둠 속에서 희미한 빛이 보이기 시작했다. 2025년 빌 게이츠는 국제학술지 《네이처 메디신》에 이렇게 썼다. "나는 알츠하이머병이 더 이상 사형선고처럼 들리지 않는 날이 가까워졌다고 믿는다." 그는 한때 사형선고나 다름없던 에이즈가 이제는 약물로 관리 가능한 질환이 된 것처럼, 치매 또한 그렇게 바꿀 수 있다고 믿는다. 그의 낙관론은 과연 근거가 있을까? 치매 연구의 현황을 살펴보자.

◆ 치매라는 이름의 여러 얼굴

우선 '치매'라는 용어부터 살펴보자. 치매는 사실 특정 질환명이 아니다. 뇌의 여러 기능이 저하돼 기억력, 판단력, 언어 능력 같은 인지 기능이 전반적으로 떨어지고, 그 결과 일상생활에 지장을 초래하는 상태를 통칭한다. 즉, 치매는 '증상군'이지 하나의 원인 질환이 아니다. 열이 나는 것이 감기나 독감, 장염 등 여러 감염병에서 공통으로 나타나는 증상이듯, 치매 역시 여러 질환이 일으키는 결과를 묶은 이름이다. 이 때문에 치매를 일으키는 질환은 매우 다양하다.

그중 가장 흔한 형태가 바로 '알츠하이머병'으로, 전체 치매 환자의

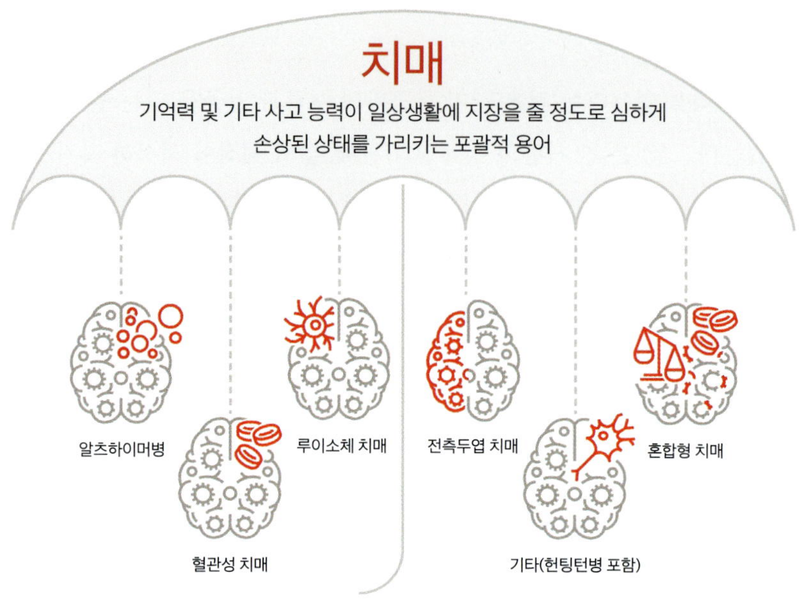

60~70%를 차지한다. 1906년 독일의 정신과 의사 알로이스 알츠하이머가 처음 발견했다. 알츠하이머병은 뇌 속에 비정상적인 단백질이 쌓여 신경세포가 서서히 죽어가는 퇴행성 질환이다. 보통 65세 이후에 발생하며, 최근의 일을 기억하지 못하는 단기 기억력 저하로 시작된다. 이후 언어 능력 저하, 판단력 상실, 그리고 결국에는 가족의 얼굴조차 알아보지 못하는 단계로 진행된다.

두 번째로 흔한 형태는 혈관성 치매로, 전체 치매 환자의 약 20~30%를 차지한다. 이름 그대로 뇌혈관이 막히거나 터져서 혈류가 끊기고, 그 부위의 뇌세포가 손상되면서 발생한다. 알츠하이머병이 오랜 시간에 걸쳐 서서히 진행되는 것과 달리, 혈관성 치매는 뇌혈관에 문제가 생길 때마다 증상이 단계적으로 악화되는 것이 특징이다. 고혈압, 당뇨병, 고지혈증 같은 혈관 질환이 주요 위험 요인이다. 인지 기능 저하 외에도 손상된 부위에 따라 마비, 언어 장애, 보행 장애 같은 신체 증상이 함께 나타나기도 한다.

이 외에도 루이소체 치매, 전측두엽 치매, 파킨슨병 치매 등 다양한 유형의 치매가 있다. 루이소체 치매는 환각, 수면장애 등이 특징이며, 전측두엽 치매는 비교적 젊은 40~60대에 발병해 성격 변화나 충동 조절 장애가 두드러진다. 한 사람에게 여러 원인이 겹치는 혼합형 치매도 드물지 않다. 예컨대 알츠하이머성 변화와 혈관성 손상이 동시에 존재하는 것이다. 이처럼 치매는 단일한 질병이 아니라, 서로 다른 원인과 양상을 지닌 질환들이 만들어내는 결과다. 따라서 치료와 예방법 역시 한 가지 공식을 적용할 수 없으며, 정확한 원인 진단이 치매 연구의 출발점이 된다.

◆ 기억을 지우는 원인들

그렇다면 치매 환자의 뇌 속에서는 구체적으로 어떤 일이 벌어지는 걸까? 치매의 가장 큰 원인 질환인 알츠하이머병을 중심으로 살펴보자.

알츠하이머병의 대표적인 특징은 '아밀로이드 베타(Aβ)'라는 단백질 조각이 뇌에 쌓이는 것이다. 정상적인 뇌에서도 이 단백질은 만들어지지만, 대부분 분해되어 제거된다. 그러나 나이가 들거나 유전적 요인으로 이 청소 시스템이 고장 나면, 아밀로이드 베타가 서로 엉겨 붙어 뇌 곳곳에 '플라크'라는 단단한 덩어리를 형성한다. 이 플라크는 신경세포 사이에 쌓인 쓰레기 더미처럼 작용한다. 신경세포 사이의 연결 부위인 시냅스의 정보 전달을 방해하고, 염증 반응을 일으키며, 결국 신경세포를 죽게 만든다. 실제 알츠하이머 환자의 뇌를 부검해 보면, 정상인보다 수십 배 많은 아밀로이드 플라크가 발견된다. 그리고 이 플라크는 증상이 나타나기 10~20년 전부터 이미 쌓이기 시작한다.

이 '아밀로이드 가설'은 지난 30년간 알츠하이머 연구의 중심 이론이었다. 이를 바탕으로 수많은 신약이 개발됐지만, 효과는 생각보다 미미했다. 이 때문에 아밀로이드 가설은 계속 논란의 대상이며, 아밀로이드 축적이 알츠하이머병의 원인이 아니라 결과일 수도 있다는 시각도 있다.

아밀로이드 대신 최근 주목받는 또 다른 단백질이 있다. '타우(tau)'다. 원래 타우 단백질은 신경세포 내부의 미세소관을 안정화하는 역할을 한다. 미세소관은 세포 안에서 영양분과 신호를 운반하는 철도 레일과 같다. 타우

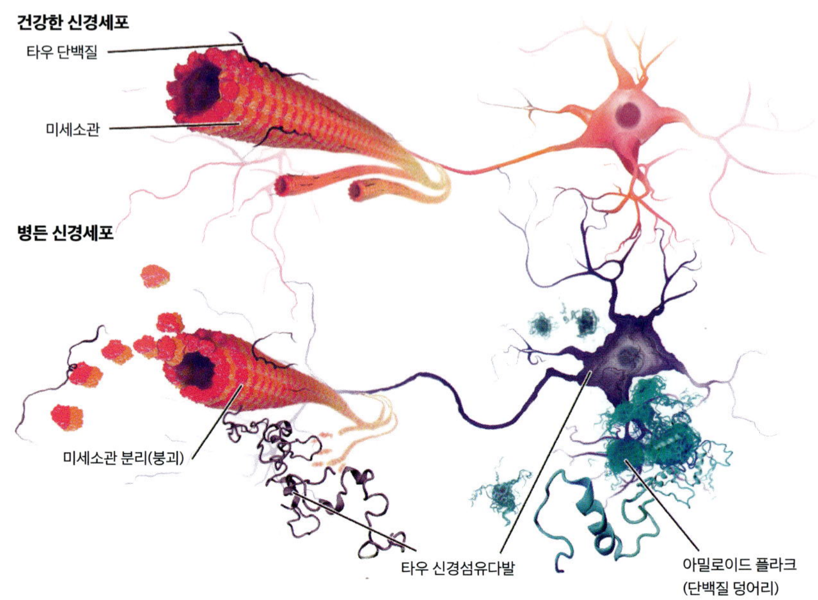

알츠하이머병은 두 가지 주요 단백질 병변에 의해 진행된다. 아밀로이드 베타 플라크가 뇌세포 사이에 쌓이며 독성을 유발하고, 타우 단백질이 꼬이면서 세포 내부에서 정상 기능을 방해하며 신경세포 사멸을 초래한다. 이런 병리적 변화는 기억력 감퇴, 인지 기능 저하, 언어 능력 상실 등의 치매 증상으로 이어진다.
© wikipedia/BruceBlaus

는 그 레일을 고정하는 침목 같은 역할을 한다. 타우는 인산이 붙거나 떨어지면서 안정적으로 조절된다. 하지만 알츠하이머병에서는 이 조절이 깨져 인산이 많이 붙은 과인산화된 비정상 타우가 생긴다. 이 단백질은 서로 엉겨 붙어 신경섬유다발을 만든다. 이로 인해 미세소관이 불안정해지고, 신경세포의 운송 시스템이 마비되어 세포는 필요한 영양분과 신호를 받지 못하고 죽는다.

흥미롭게도 타우 신경섬유다발이 퍼지는 경로는 알츠하이머병의 진행 단계 및 인지 증상과 거의 일치한다. 기억을 담당하는 해마에서 시작해, 점차 뇌의 다른 영역으로 확산한다. 이 때문에 타우 단백질은 최근 알츠하이머병 연구에서 새로운 핵심 표적으로 떠올랐다.

또 최근에는 신경염증 가설도 힘을 얻고 있다. 뇌 속에는 '미세아교세포'라는 면역세포가 있다. 이 세포는 평소에는 가지를 뻗은 모습으로 뇌를 순찰하며, 손상된 세포나 노폐물을 제거하고 신경 영양 인자를 분비하는 청소부 역할을 한다. 그런데 아밀로이드 플라크 같은 비정상 물질이 계속 쌓이면, 미세아교세포가 과도하게 활성화된다. 초기에는 미세아교세포가 플라크를 제거하려 모인다. 하지만 시간이 지나면서 효율이 떨어지고, 오히려 염

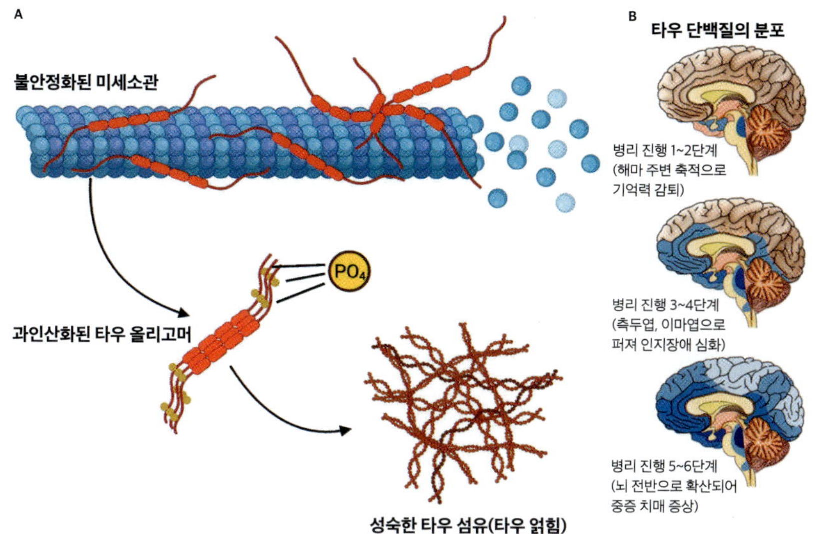

알츠하이머병의 대표적인 병리 중 하나가 타우 단백질의 변형과 확산이다. 특히 타우 단백질의 과인산화가 미세소관을 불안정화시키고, 이후 타우 섬유화로 이어져 신경세포 사멸을 유발한다.

© Frontiers in Molecular Biosciences

증성 물질만 계속 내뿜게 된다. 문제는 이 염증 반응이 지속되면서 오히려 정상 세포까지 공격하기 시작한다는 것이다. 결국 염증 반응은 더 많은 아밀로이드와 타우 단백질의 변화를 촉진하며 병을 악화한다.

신경염증에는 장내 미생물도 영향을 미친다. 장내 미생물 균형이 깨지면 염증성 물질이 혈액으로 흘러 들어가 뇌혈관장벽을 통과하면서 뇌의 면역계를 자극한다. 실제로 알츠하이머 환자들의 장내 미생물 조성이 일반인들과 다르다는 연구들이 잇따르고 있다.

이 외에도 알츠하이머 환자의 뇌에서는 수많은 변화가 일어난다. 아밀로이드 축적과 함께 미토콘드리아 손상으로 활성산소가 과도하게 만들어져 신경세포를 공격한다. 또 손상된 단백질을 분해하고 제거하는 세포의 청소 시스템도 고장 나 있다. 여기에 구리, 철, 아연처럼 뇌 기능에 필수적인 금속 원소들이 아밀로이드 플라크에 비정상적으로 쌓이며 병을 악화한다. 특히 아연은 플라크에 갇혀 정작 필요한 곳에서 부족해지고, 이로 인해 시냅스 기능이 떨어지고 기억력 손상이 가속화한다.

최근에는 리튬 또한 알츠하이머병의 발생과 깊은 관련이 있다는 연구 결과가 국제학술지 《네이처》에 발표됐다. 미국 하버드대 의대 연구팀은 인지 기능이 정상인 사람, 경도 인지장애 환자, 알츠하이머 환자의 사후 뇌 조직을 분석했다. 그 결과, 알츠하이머병이 진행된 사람일수록 뇌 속 리튬 농도가 크게 낮았다. 리튬은 신경세포를 보호하고 노화로 인한 손상을 막는 데 중요한 역할을 한다. 그런데 알츠하이머 환자들의 뇌에서는 리튬이 아연처럼 아밀로이드 플라크에 갇혀 제 기능을 하지 못했다. 실제로 쥐에게 리튬을 없앤 먹이를 먹였더니, 뇌가 빠르게 늙어갔다. 뇌에서 리튬 농도가 낮아지자 아밀로이드 플라크가 급격히 늘고, 염증이 증가해 기억력이 크게 떨어졌다. 리튬 결핍만으로 알츠하이머병 증상이 나타난 것이다.

이처럼 알츠하이머병은 단순히 기억을 잃는 병이 아니다. 복잡한 뇌 구조와 기능, 면역계가 얽힌 거대한 생물학적 퍼즐이라고 할 수 있다.

◆ 실패로 쌓아 올린 치료의 역사

이렇게 복잡한 뇌 질환을 치료한다는 것은 쉬운 일이 아니었다. 알츠하이머병의 치료제 개발은 수십 년간 끝없는 도전과 실패의 역사로 이어져 왔다.

처음으로 등장한 치매 치료제는 '아세틸콜린 분해효소 억제제'였다. 아세틸콜린은 학습과 기억에 핵심적인 역할을 하는 뇌의 신경전달물질이다. 지금까지 신경전달물질에 대해서는 아무런 설명이 없다가, 난데없이 첫 번째 치료제라고 소개하니 당황스러울 것이다. 아세틸콜린은 아밀로이드 베타 이전, 알츠하이머의 발병 메커니즘을 설명하는 초기 가설의 주인공이었다.

1970~1980년대 과학자들은 알츠하이머 환자의 뇌에서 아세틸콜린이 현저히 감소한다는 사실을 발견했다. 특히 기억을 담당하는 해마와 대뇌 피질 내 아세틸콜린의 수치는 최대 90%까지 감소해 있었다. 이에 따라 신경세포가 손상되면서 아세틸콜린의 분비가 줄어들고, 이것이 인지 기능의 저하로 이어진다는 가설이 제시됐다.

그렇다면 아세틸콜린의 양을 늘릴 수 있다면 치매 증상을 완화할 수 있지 않을까? 아세틸콜린을 분해하는 효소를 억제해, 뇌에 남아 있는 아세틸콜린의 양을 늘리자는 것이다. 이 생각이 세계 최초의 치매 치료제 개발로 이어졌다. 1993년 '타크린'이라는 치료제가 미국식품의약국(FDA)에 의해 처음 승인됐다. 하지만 심각한 간 독성 부작용으로 2013년 시장에서 퇴출됐다. 이후 부작용이 더 적은 도네페질, 리바스티그민, 갈란타민 같은 약물이 등장했고 지금도 처방되고 있다.

이 약들은 20년이 넘도록 치매 치료의 주축이 되어 왔다. 하지만 효과가 크지 않았다. 인지 기능의 급격한 악화를 몇 달 늦추는 정도로, 병의 진행을 멈추거나 되돌리지는 못한다. 게다가 메스꺼움, 구토, 설사 같은 부작용도 흔하다. 무엇보다 이 약들은 병의 근본 원인으로 지목되는 아밀로이드 플라크나 타우 단백질에는 영향을 주지 못한다.

그래서 제약회사들은 새로운 표적으로 눈을 돌렸다. 1990년대 이후 아밀로이드 베타 가설이 확고히 자리를 잡으면서 이를 표적으로 한 약물 개발에 매진했다. 뇌 속에 플라크가 쌓이는 것이 병의 시작이라면, 이를 막거나 제거하면 병을 근본적으로 치료할 수 있을 거라는 기대였다. 접근 방식은 세 가지였다. 아밀로이드 베타의 생성을 막는 방법, 이미 생긴 아밀로이드 베타를 제거하는 방법, 아밀로이드 베타가 뭉치는 것을 막는 방법이다. 이론

신경전달물질 중 하나인 아세틸콜린은 알츠하이머의 발병 메커니즘을 설명하는 초기 가설의 주인공이었다. 이에 따라 20년이 넘도록 아세틸콜린 분해효소 억제제가 치매 치료의 주축이 되어 왔다.

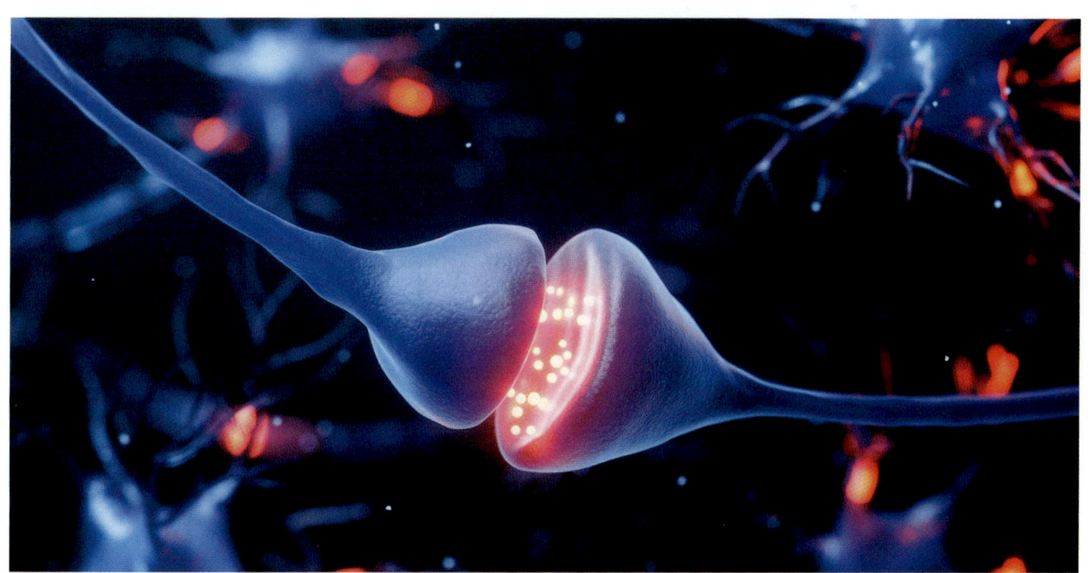

적으로는 완벽해 보였다.

거대 제약회사들이 수백억 달러를 쏟아부었지만, 결과는 혹독했다. 2010년대 중반 머크, 일라이 릴리, 얀센 등 내로라하는 제약회사들이 아밀로이드 베타의 생성을 막는 약을 개발해 임상시험에 들어갔다. 임상 3상까지 진입했으나, 2017~2018년 줄줄이 실패했다. 약은 아밀로이드 베타의 양을 30~50% 줄였지만, 인지 기능을 전혀 개선하지 못했다. 일부 환자에서는 오히려 증상이 더 악화하기도 했다. 아밀로이드는 원래 신경세포 보호나 시냅스 기능에 어느 정도 필요한데, 이를 과도하게 억제하면서 부작용이 나타난 것으로 추정된다.

그렇다면 이미 쌓인 아밀로이드 베타를 제거하는 건 어떨까? 2000년대 후반부터 아밀로이드에 달라붙는 항체 치료제가 개발되기 시작했다. 항체가 플라크를 인식하면, 면역세포가 이를 제거해 주는 원리다. 하지만 이 또한 실패의 연속이었다. 2021년 바이오젠과 에자이가 공동 개발한 '아두카누맙'이 FDA의 승인을 받으며 전 세계의 주목을 받았지만, 기쁨은 오래가지 않았다. 아두카누맙은 곧 효능 논란에 휩싸였다. 2019년 3월 효과가 없다며 임상 중단을 발표했다가, 같은 해 10월 데이터를 다시 분석해 보니 효과가 있었다고 입장을 바꿔 승인을 받았기 때문이다. 전문가들은 효능에 대한 증거가 불충분하다며 비판을 쏟아냈고, 일부에서는 아밀로이드 가설 자체가 틀린 것 아니냐는 회의론까지 나왔다.

✦ 계속 실패한 이유는 세 가지 장벽 때문

알츠하이머 치료제는 왜 이렇게 계속 실패했을까? 세 가지 거대한 장벽이 가로막고 있기 때문이다. 첫 번째는 진짜 물리적인 장벽이다. 뇌는 인체에서 가장 중요한 기관인 만큼, 철저하게 보호된다. 이 보호막이 바로 '뇌혈관장벽'이다. 뇌혈관을 이루는 내피세포들이 서로 빈틈없이 밀착되어, 혈액 속 대부분의 물질이 뇌로 들어가지 못하게 막는다. 이 덕분에 독성 물질이나 세균, 바이러스가 뇌로 침입하지 못한다. 하지만 아이러니하게도 이 홀

룡한 방어 체계가 치매 치료에는 최대 걸림돌이다. 개발된 약물의 대부분이 뇌혈관장벽을 통과하지 못하기 때문이다. 아무리 훌륭한 성분이라고 해도, 분자가 작고 전하를 띠지 않으며 기름에 잘 녹는 성질이 뛰어나야 뇌혈관장벽을 통과할 수 있다. 수많은 약물이 이 장벽을 넘지 못해 실패했다. 최근에는 나노입자, 특수 운반체 등을 이용해 뇌혈관장벽을 우회하려는 시도들이 연구되고 있지만, 여전히 완벽한 해결책은 없는 상태다.

두 번째 장벽은 '타이밍'이다. 알츠하이머병의 가장 잔인한 점이기도 한데, 증상이 나타났을 때는 이미 늦었다는 것이다. 초기 증상이 정상적인 노화나 단순한 건망증과 구별하기 어렵기 때문에, 환자가 기억력 저하로 병원을 찾을 무렵에는 이미 늦었다. 그의 뇌에서는 이미 수년, 어쩌면 수십 년 전부터 아밀로이드 축적과 타우 단백질 변화가 진행 중이었다. 이때쯤이면 이미 수많은 신경세포가 죽은 뒤다. 약을 써서 진행을 늦출 수는 있어도, 죽은 신경세포를 되살릴 방법은 없다. 마치 불이 다 번지고 나서야 소화기를 드는 셈이다.

마지막 장벽은 다양성과 복잡성이다. 알츠하이머병은 한 가지 모습으로만 나타나지 않는다. 어떤 환자는 아밀로이드 축적이 두드러지고, 어떤 환

알츠하이머병을 치료하기 위해 아밀로이드 베타 플라크를 표적으로 삼기도 했다. 즉 이 단백질 응집체를 직접 제거하거나 억제하는 방식이다.

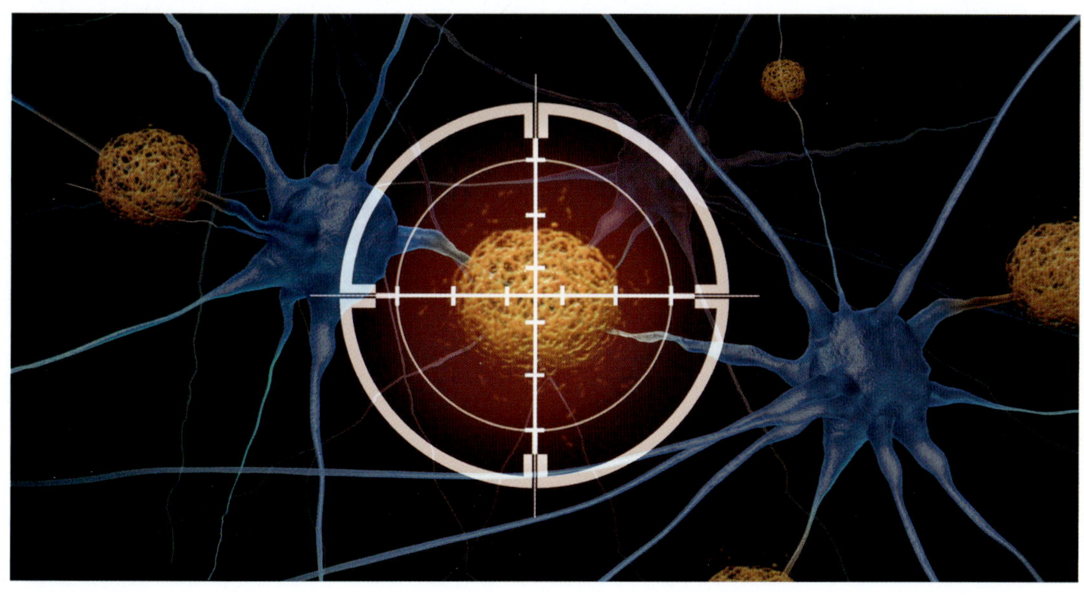

자에게는 타우 단백질의 엉킴이 심하다. 염증 반응의 정도도 제각각이다. 환자마다 병의 메커니즘이 다르고 아밀로이드, 타우, 염증, 혈관 손상, 대사 이상 등이 서로 영향을 주고받으며 악순환을 만든다. 어느 한 부분만 치료해서는 전체 병의 진행을 멈추기 어렵다.

◆ 첫 번째 돌파구, 항체 치료제

이 세 가지 장벽 때문에 지난 30여 년간 개발된 치매 치료제 후보 중 99% 이상이 임상시험에서 실패했다. 제약회사들이 투입한 비용은 수조 원에 이른다. 하지만 수많은 실패 끝에도 과학자들은 포기하지 않았고, 최근 들어 조금씩 결실을 맺고 있다. 드디어 효과가 입증된 항체 치료제들이 등장한 것이다.

바이오젠과 에자이는 실패작이었던 아두카누맙을 개량해 두 번째 약물 '레카네맙(상품명 레켐비)'을 개발했다. 2023년 이 약은 FDA에서 정식 승인을 받았다. 레카네맙은 아밀로이드 베타가 '플라크로 굳기 직전의 독성 상태'를 표적으로 삼는다. 완전히 뭉치기 전의 아밀로이드를 선택적으로 제거해 뇌의 손상을 줄이는 방식이다. 초기 알츠하이머 환자 1,795명을 대상으로 한 18개월간의 임상시험에서 레카네맙은 인지 기능 저하를 27% 늦추는 데 성공했다. 실제로 뇌 영상에서도 아밀로이드 플라크가 줄어드는 것이 관찰됐다. 처음으로 통계적으로 유의미하고, 임상적으로도 의미 있는 개선을 보인 결과였다.

그 뒤를 이어 2024년 일라이 릴리가 또 다른 항체 치료제 '도나네맙(상품명 키순라)'을 개발해 FDA의 승인을 받았다. 도나네맙은 아밀로이드 플라크의 핵심 성분에 결합해 면역세포가 플라크를 효과적으로 제거하도록 설계됐다. 1,736명의 초기 알츠하이머 환자를 대상으로 한 임상시험에서 도나네맙은 인지 기능 저하를 35% 늦추는 효과를 보였다. 레카네맙보다 약간 더 나은 결과다.

물론 두 치료제의 한계도 명확하다. 통계적으로는 효과가 유의미하지

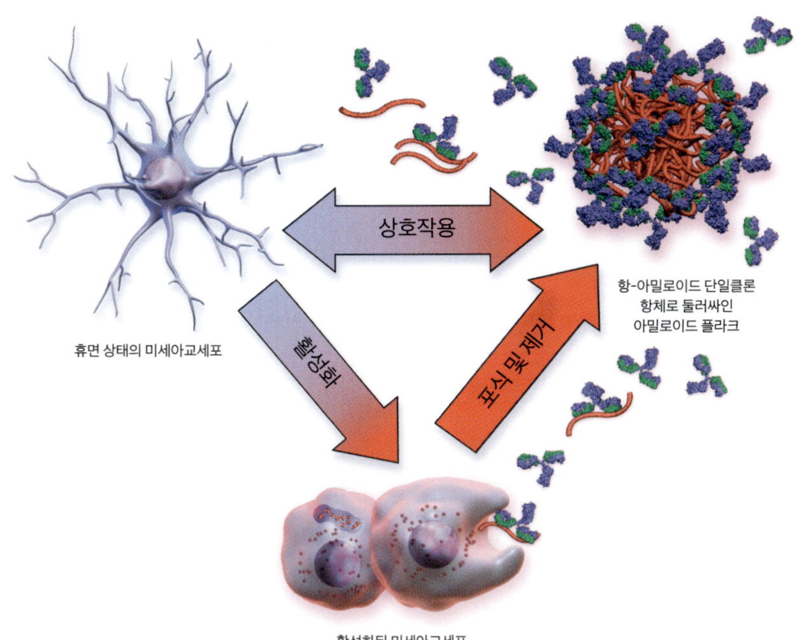

알츠하이머 치료를 위한
아밀로이드 베타 항체의
작동 메커니즘. 면역세포인
미세아교세포가 항체로
둘러싸인 아밀로이드 플라크를
인식하고 제거한다.
© Biodrugs

만, 환자의 삶의 질을 실제로 얼마나 바꾸는지는 여전히 논란이다. 경제적 부담도 크다. 레켐비는 현재 비급여로, 연간 치료에 2,700~5,000만 원가량 든다. 부작용도 무시할 수 없다. 대부분은 무증상이지만, 아밀로이드를 제거하는 과정에서 염증 반응과 혈관벽 약화 등으로 뇌부종이 생기거나 미세출혈이 발생하는 경우가 있다. 치료 대상도 제한적이다. 레카네맙과 도나네맙 모두 초기 알츠하이머 환자에게만 효과가 있다. 이미 중등도 이상으로 진행된 환자에게는 아무런 도움을 주지 못한다. 게다가 초기 환자를 찾아내려면 값비싼 PET 스캔이나 뇌척수액 검사가 필요하다.

◆ 알츠하이머 연구의 새 국면, 조기진단

결국 레카네맙과 도나네맙은 알츠하이머 치료제의 시작에 불과하다. 이제야 우리는 치매 치료의 길에 본격적으로 들어섰다고 할 수 있다. 수많은 실패를 겪으면서 과학자들은 두 가지 중요한 교훈을 얻었다. 첫째, 그동안은

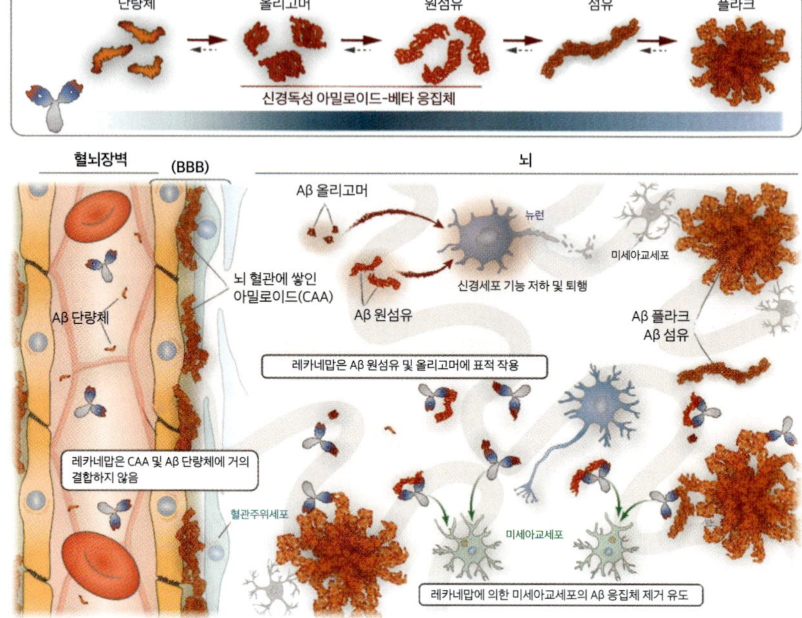

알츠하이머병 치료제 '레카네맙(Lecanemab)'의 작용 메커니즘. 레카네맙은 아밀로이드-베타(Aβ) 단량체가 아니라, 독성이 강한 '올리고머'와 '원섬유' 단계에 집중적으로 결합해 미세아교세포가 이를 제거하도록 돕는다.

© Molecular and Cellular Neuroscience

너무 늦었다. 증상이 나타났을 때는 이미 돌이킬 수 없을 만큼 뇌가 손상돼 있다. 둘째, 한 가지만으로는 부족했다. 아밀로이드를 제거하는 것만으로는 복잡한 메커니즘을 모두 막을 수 없었다. 마치 여러 곳에서 동시에 새는 댐을 한 곳만 막으려는 것과 같았다.

이 두 가지 깨달음이 알츠하이머 연구의 패러다임을 바꾸고 있다. 현재 연구는 크게 두 가지 방향으로 이뤄지고 있다. 하나는 '조기진단', 다른 하나는 '다중 표적 치료'다. 증상이 나타나기 훨씬 전에 병을 찾아내고, 여러 메커니즘을 동시에 공략하자는 전략이다.

모든 질병이 그렇듯, 초기에 진단해서 치료를 시작하면 악화를 막을 수 있다. 10년 전만 해도 알츠하이머를 확진하려면 뇌척수액 검사나 수백만 원이 드는 PET 스캔을 받는 방법밖에 없었다. 일반 병원에서는 접근이 쉽지 않았다. 그런데 최근 몇 년 사이 판도가 완전히 바뀌었다. 혈액 한 방울로 알츠하이머를 진단할 수 있는 시대가 열리고 있다. 그 주인공은 바로 혈액 기반 바이오마커다. 간단한 혈액 검사만으로 알츠하이머를 진단할 수 있기에 비용을 크게 줄이고, 환자의 부담을 덜어 준다. 의료 접근성이 낮은 지역에서도 손쉽게 검사가 가능하다.

또 바이오마커로 조기에 알츠하이머를 진단하면 질병 초기부터 치료할 수 있고, 예방 연구도 가능하다. 임상시험의 질도 크게 개선될 수 있다. 지금까지 많은 임상시험이 실패한 이유 중 하나는 잘못된 환자들을 포함했기 때문이다. 예를 들어 증상은 있지만 실제로 아밀로이드가 축적되지 않은 사람들이 있었다. 바이오마커를 이용하면, 조건에 맞는 사람만 선별해 시험에 참여할 수 있다. 바이오마커가 치매 정복의 핵심 전략이 되는 셈이다.

현재 바이오마커들 중에서 가장 큰 주목을 받고 있는 것은 '인산화 타우 217(p-tau217)'이다. P-tau217은 타우 단백질의 217번 아미노산이 인산화된 형태다. 연구 결과에 따르면, p-tau217은 타우 단백질의 이상 여부를 80~90%의 정확도로 예측하는 것으로 나타났다. 더 놀라운 것은, p-tau217 수치는 증상이 나타나기 전, 가벼운 인지장애 단계에서부터 상승하기 시작한다는 점이다. 그래서 인지 기능이 정상인 사람들 중에서 누가 향후 알츠하이머로 진행할지 예측할 수 있다. 또 시간이 흐르면서 수치가 상승하는 속도가 인지 기능 저하나 뇌 위축과도 관계가 있는 것으로 나타났다. 이는 바이오마커가 단순히 선별 도구를 넘어 진행 속도를 추적하고 치료 반응을 모니터링하는 도구로도 쓸 수 있다는 뜻이다.

2025년 5월 FDA는 p-tau217을 이용한 혈액 기반 진단 키트 '루미펄스'를 승인했다. 루미펄스는 일본 생명공학기업 후지레비오진단에서 개발했는데, p-tau217과 아밀로이드 베타 1-42 등 두 개의 혈중 단백질 농도를 측정한다. 499명을 대상으로 진행한 임상시험 결과, 키트에서 양성 반응을 보인 사람들의 92%는 후속 검사에서도 양성 반응이 나와 높은 정확도를 보였다.

◆ 빌 게이츠가 여는 '치매 빅데이터' 시대

P-tau217의 성공 이후, 과학자들은 더 많은 바이오마커를 찾고 있다.

이런 흐름에서 등장한 것이 바로 '글로벌 신경퇴행성질환 단백질체학 컨소시엄(GNPC)'이다. 2023년 빌 게이츠와 존슨앤존슨이 공동 설립한 GNPC는 세계 최대 규모의 신경퇴행성질환 단백질체 데이터베이스를 구축하는 프로젝트다. 목표는 명확하다. 알츠하이머, 파킨슨병, 전측두엽 치매, 근위축성 측삭경화증(ALS) 등 여러 신경퇴행성질환에서 새로운 바이오마커를 발굴하고, 약물 표적을 찾으며, 이 데이터를 전 세계 연구자들과 공유하는 것이다.

GNPC 연구팀은 2025년 7월 국제학술지《네이처 메디신》에 신경퇴행성질환과 관련된 단백질 데이터 세트를 4편의 논문으로 공개했다. 연구팀은 23개 파트너 기관이 제공한 3만 5,000건 이상의 혈액, 혈청, 뇌척수액 샘플 등을 수집해 총 2억 5,000만 개의 단백질 분석 결과를 얻었다. 그 결과, 각 질병마다 고유한 단백질 패턴이 있다는 점을 알아냈다. 특히 연구팀은 'APOE ε4' 유전자에 대한 새로운 단서를 발견했다. APOE ε4 유전자는 알츠하이머 발병 위험과 깊은 관련이 있다. 이 유전자를 1개 가진 사람은 알츠하이머 발병 위험이 2~3배, 2개 가진 사람은 발병 위험이 최대 12배 이상 높다. 연구팀은 5개의 단백질만으로 누가 APOE ε4 유전자를 갖고 있는지 90~96%의 정확도로 예측할 수 있다는 사실을 알아냈다. 유전자 검사를 하지 않고도 혈액 단백질만으로 유전적 위험군을 가늠할 가능성이 열린 셈이다.

그리고 이 단백질들은 파킨슨병, 루게릭병, 전측두엽 치매 환자들에게도 비슷하게 나타났다. APOE ε4 유전자를 가진 사람들은 염증 반응, 세포 사멸, 단백질 접힘 이상과 관련된 단백질이 특징적으로 증가했다. 이는 APOE ε4 유전자가 신경퇴행성질환 전반에 걸쳐 근본적인 생물학적 변화를 일으킨다는 것을 뜻한다. 연구팀은 APOE ε4 보유자를 조기에 식별해 예방 치료를 시작하거나 관련 경로를 표적으로 하는 새로운 약물을 개발할 수 있을 것으로 전망했다.

다만 현재 데이터의 대부분이 유럽계 백인이라는 한계가 있어, 다양성 확보가 중요한 과제다. GNPC 연구팀은 앞으로 더 다양한 인종과 민족의 데이터를 확보할 계획이다. 이번 연구 결과와 데이터들은 2025년 7월 15

일부터 전 세계 연구자들에게 무료로 공개되고 있다. 누구나 접근해 자신의 연구에 활용하고, 새로운 바이오마커 후보를 찾으며 약물 표적을 발굴할 수 있다.

◆ 단일 표적에서 다중 표적으로

물론 조기진단만으로는 부족하다. 병을 알아내기만 하고 치료할 방법이 없다면 결국 아무 소용이 없기 때문이다. 최근 연구들은 아밀로이드 베타 하나를 제거하는 것만으로는 충분하지 않다는 사실을 명확히 보여 주고 있다. 그래서 제약회사들은 이제 아밀로이드 외에도 여러 표적을 겨냥해 약물을 개발하고 있다. 또 서로 다른 메커니즘의 약물을 조합하는 병용 요법, 여러 경로에 동시에 작용하는 다중 표적 약물 연구도 활발히 진행 중이다.

가장 유망한 다음 표적은 역시 타우 단백질이다. 여러 타우 항체 치료

'글로벌 신경퇴행성질환 단백질체학 컨소시엄(GNPC)' 연구팀이 APOE ε4 유전자가 알츠하이머 발병 위험과 깊은 관련이 있다는 사실을 밝혀냈다.

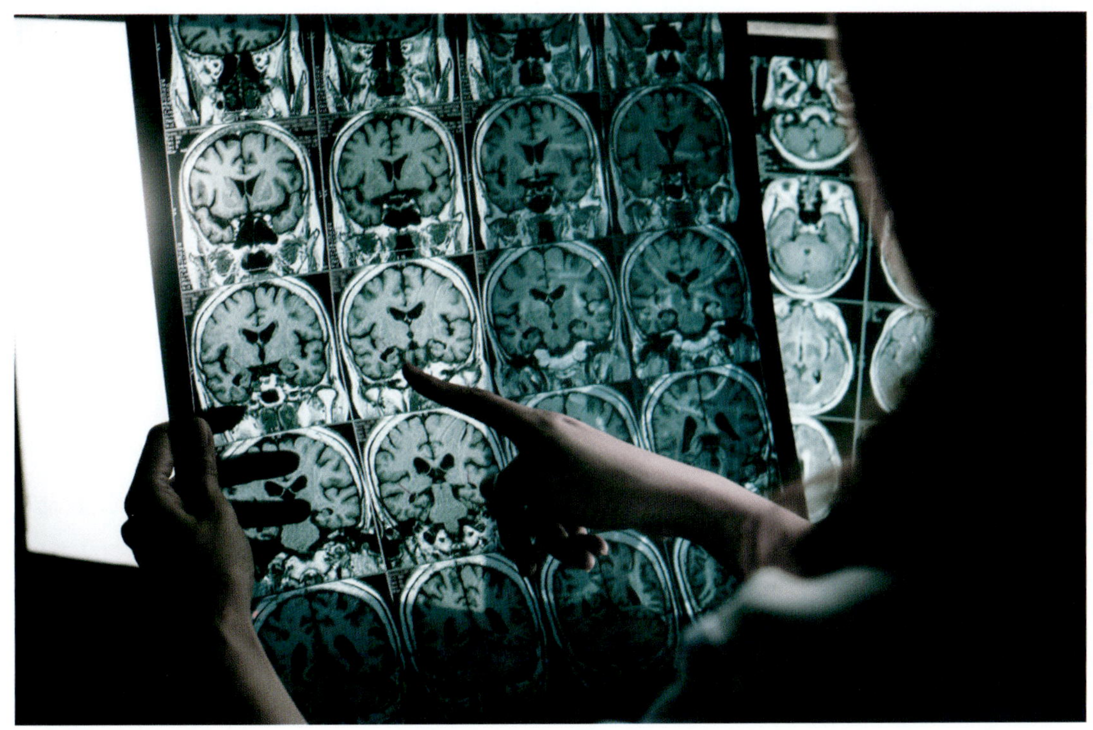

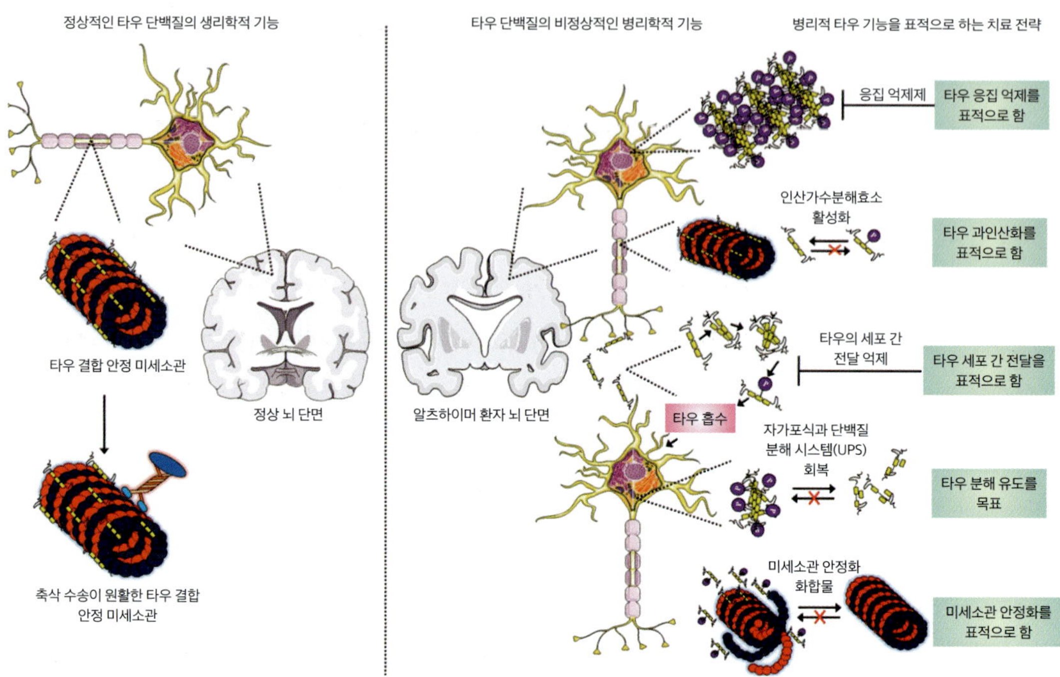

알츠하이머병과 관련된 타우 단백질의 정상 기능과 병리적 기능, 그리고 이를 표적으로 하는 치료 전략. 타우 단백질은 미세소관에 안정적으로 결합하여, 미세소관의 구조를 유지하고, 축삭 내 수송이 제대로 이루어지도록 돕는다. 알츠하이머 환자의 뇌에서는 타우 단백질이 비정상적으로 과인산화되어, 미세소관에서 분리되고 응집되며 신경세포 간 전이까지 일어난다. 타우 단백질의 이상 행동을 제어하기 위해 응집, 과인산화, 분해 등을 표적으로 하는 여러 치료 전략이 있다.

ⓒ International Journal of Biological Macromolecules

제들이 임상시험 단계에 있으며, 레카네맙 같은 아밀로이드 베타 항체들과 함께 사용하는 임상시험도 진행 중이다. 신경세포의 염증을 막거나 시냅스 기능을 유지하는 약물들도 연구되고 있다. 또 뇌의 포도당 대사가 알츠하이머와 연관돼 있다는 사실이 밝혀지면서 당뇨병 치료제를 알츠하이머에 활용하려는 연구들도 진행되고 있다. 특히 '위고비'로 유명한 글루카곤 유사 펩타이드-1(GLP-1) 계열 약물이 최근 주목받는 후보 중 하나다. GLP-1 계열 당뇨 치료제를 복용한 환자군은 위약을 복용한 환자군보다 치매 발병 위험이 약 45% 낮았다는 연구 결과가 발표된 바 있다.

또 앞서 소개한 GNPC가 바이오마커뿐만 아니라 새로운 치료제를 개발하는 데도 기여하고 있다. 수천 개의 단백질을 동시에 측정하고, 환자와 정상인의 데이터를 비교함으로써 기존에는 전혀 예상치 못했던 대사 효소, 염증 단백질, 시냅스 단백질의 변화를 찾아내고 있다. 이 중 일부는 과거에는 알츠하이머와 관련이 있다고 생각하지 못했던 것들이다. 이런 발견들이 새로운 약물 표적으로 이어질 수 있다.

이처럼 치매 연구는 지금 패러다임 전환의 한가운데에 있다. 아밀로이드 베타 중심의 단일 모델에서 벗어나 다양한 메커니즘을 표적으로 하는 통합 모델로 바뀌고 있는 셈이다. 그리고 이 변화의 중심에는 바이오마커 기술과 단백질체학이 있다.

"치매는 정복 가능한가?"라는 질문에 대한 답은 우리가 정복이란 단어를 어떻게 정의하느냐에 달려 있다고 생각한다. 만약 치매를 완전히 없애는 것을 의미한다면 아직은 요원하다. 하지만 암이나 당뇨처럼 조기에 발견하고, 진행을 늦추며, 삶의 질을 유지하는 것을 의미한다면 우리는 이제 그 길에 들어섰다. 에이즈가 사형선고에서 만성질환이 되기까지 30년이 걸렸다. 치매는 그보다 빠를 수도, 느릴 수도 있다. 하지만 한 가지는 확실하다. 우리는 조금씩, 그러나 확실하게 앞으로 나아가고 있다.

4

ISSUE 4 과학사

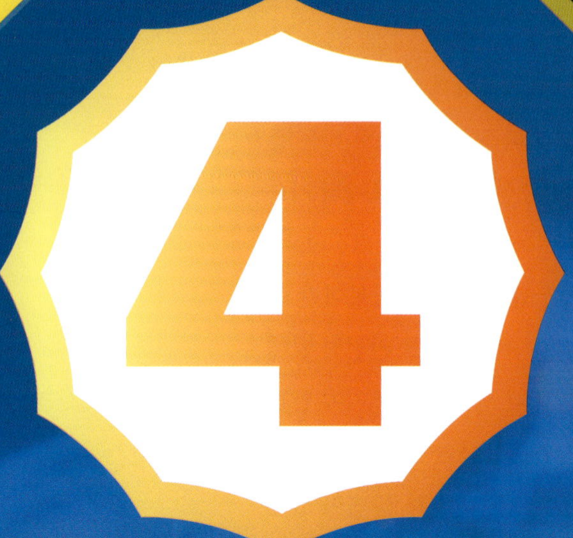

양자역학 탄생 100주년

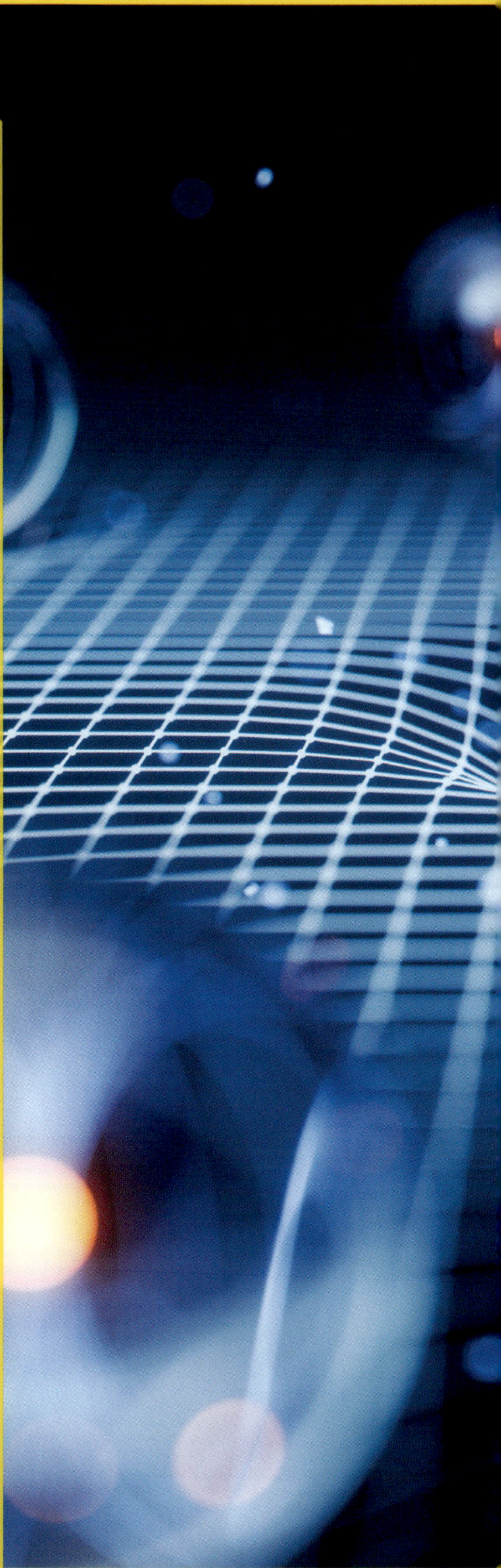

박진희

서울대 물리학과를 졸업한 후 독일 베를린공과대학에서 과학기술사 박사 학위를 받은 과학기술학 연구자로, 가톨릭대 생활과학연구소와 국민대 사회과학연구소 연구원을 지냈으며, 현재 동국대 다르마칼리지(교양교육원) 교수로 재직하고 있다. 에너지전환포럼 공동대표를 맡기도 했다. 과학기술학, 기술정책 등 다양한 분야에서 연구 및 저술 활동을 하고 있으며 『철도 여행의 역사』, 『물리학 환상 여행』, 『나노바이오테크놀로지』, 『누가 아인슈타인의 연구실을 차지했을까』 등의 도서를 번역했다.

100주년 맞은 양자역학, 어디까지 왔나?

유엔이 2025년을 '양자과학과 기술의 해'로 선언한 것을 기념하는 엠블렘.
© IUPAP

2025년은 유엔이 공식적으로 선언한 '양자과학과 기술의 해'이다. 이런 선언의 배경에는 양자과학이 우리 일상에 엄청난 기술적 혁신을 몰고 오고 있으며 앞으로 그 영향이 더 증대할 것으로 보인다는 이유가 있다. 국제순수 및 응용물리학연맹(IUPAP) 실비나 도슨 회장이 2025년 공식 선포식에서 다음과 같이 언급한 바 있다. "양자역학은 물리학, 과학을 혁신할 뿐 아니라 레이저, 트랜지스터, 태양전지 등 새로운 기술 개발로 이어져 우리 삶에 지대한 영향을 미쳤다. … 제2의 양자혁명과 함께 더 많은 기술이 등장해 사람들의 삶을 바꿀 것이다." 한편, 유엔에서 2025년을 양자의 해로 선언한

데는 양자과학의 역사에서도 2025년이 기념비적인 과학 업적이 발표된 지 100년이 되었기 때문이기도 하다. 양자과학의 이론적 토대를 닦은 하이젠베르크(Werner Heisenberg)가 1925년에 행렬역학이라 불린 양자역학 이론을 논문으로 발표했다. 물리학의 역사에서는 현대 양자역학이 탄생한 해였다.

　도슨 회장의 언급에서처럼 100주년을 맞은 양자역학은 물리학 이론의 발전만을 가져온 것이 아니었다. 양자역학의 출현은 물질의 입자-파동 이중성 개념이 자연의 실제 본성으로 원자, 전자, 소립자 등의 미시세계만이 아니라 거시세계를 이해하는 기초임을 알게 해 주었다. 자연 물질 세계에 대한 이해가 높아지면서 물질을 활용할 수 있는 우리의 기술적 능력 또한 비약적으로 발전할 수 있었다. 전자, 소립자 등의 양자과학적 이해로부터 반도체, 초전도체, 레이저처럼 새로운 물질 이용과 물질을 다룰 수 있는 도구 제작 등이 가능해지며 오늘날 우리는 디지털 사회에서 일상을 영위하게 됐다. 최근 컴퓨터 혁명을 예고하는 양자컴퓨터의 실용화, 양자원격정보 통신 기술의 등장, 양자화학과 AI의 결합 등과 같은 양자과학과 기술의 발전은 다시 한번 우리에게 새로운 사회의 도래를 예고하고 있다. 그런데 우리는 양자역학, 양자과학을 얼마나 알고 있을까? 100주년을 맞는 시점에서 양자역학 이론 정립에 도전해 온 많은 과학자들의 발자취를 따라가 보며 양자역학이 어떻게 우리에게 그런 물질적 혜택을 줄 수 있었는지를 이해해 보고자 한다. 양자역학 역사 여행에 나서보자.

◆ 양자 개념의 탄생

　양자역학 시대로 들어서기 20여 년 전 우리에게 익숙해진 '양자' 개념을 처음 만들어 낸 과학자가 있었다. 바로 독일 베를린대학교 소속 이론물리학 교수 막스 플랑크(Max K.E.L. Planck)였다. 그는 이 무렵 미국과 대등하게 조명산업을 발전시키고자 독일 제국물리기술연구소에서 에너지 효율이 높은 필라멘트 재료를 찾기 위해 이 재료의 성질을 연구하고 있었다. 이 과정에서 제국물리기술연구소 소속 연구원들 또한 당시 대부분의 물리학자들

▲
양자 개념을 처음 제안한 막스
플랑크.
ⓒ wikipedia/Hugo Erfurth

▶
1901년 플랑크가 발표한
논문 「정상스펙트럼에서의
에너지분포 법칙에 관하여」.
ⓒ Annalen der Physik

이 마주했던 '모든 입사 복사를 흡수해 전혀 반사하지 않는 흑체복사'의 특성을 고전물리학인 열역학과 전자기학 이론으로 설명할 수 없음을 알게 됐다. 제국물리기술연구소에서의 연구 결과를 알게 된 플랑크가 "진동하는 원자가 불연속적 다발로만 에너지를 흡수하거나 방출할 수 있다"는 새로운 가설, 즉 고전 물리의 에너지 개념에서 벗어난 가설을 제안했다. '양자화된 에너지'라는 표현으로 양자 용어가 처음 등장한 것이다. 플랑크는 1900년 독일 물리학회 학술대회 발표 논문집에 「정상 스펙트럼의 에너지 분포 법칙의 이론에 관하여」라는 짧은 논문을 발표한 후 이듬해 《물리학 연보(Annalen der Physik)》에 「정상 스펙트럼에서의 에너지 분포 법칙에 관하여」라는 논문을 게재해 자신의 양자 개념을 상세하게 설명했다. 여기에는 플랑크 상수값도 포함되어 있었다. 이렇게 양자 개념이 탄생하며 양자과학이 시작되었다.

흑체복사 연구를 하는 동안 플랑크는 고전 물리에서 파동으로 다루던 빛을 입자로 다루어야 한다는 점도 발견하게 됐다. 새로운 사실이었지만 플랑크는 이 문제에 매달리지는 않았다. 플랑크 대신에 우리가 잘 알고 있는 아인슈타인이 이를 연구해 후일 노벨 물리학상을 받게 됐다. 스위스 베른 특허국에 있던 알베르트 아인슈타인(A. Einstein)이 1905년 막스 플랑크가 5년 전에 도입한 양자화된 에너지 가설을 실제 빛에 적용해 광양자 가설을 만들어 광전효과를 이론적으로 설명하는 데 성공했다. 그리고 그는 「빛 생성과 변환에 대한 경험적 관점에 관하여」라는 논문을 1905년 《물리학 연보》에 게재하며 플랑크의 양자 가설을 공식적으로 수용했다. 광전효과는 금속에 빛을 쪼였더니 전자가 튀어나오는 현상을 말하는데, 이미 19세기에 과학자들이 발견했으나 고전물리학의 전자기파 이론으로 설명하는 데 어려움을 겪고 있었다. 이런 상황에 아인슈타인이 플랑크 가설을 받아들여 양자 개념으로 문제를 해결하고자 했던 셈이다. 아인슈타인은 빛이 어떤 최소한의 에너지 덩어리로 분절되어 있고 금속 안의 전자에 에너지를 전달할 때 빛은 진동수에 정비례하는 최소 에너지 덩어리라는 분절된 단위들이 모여 있는 것처럼 행동한다고 설명했다. 빛을 입자 알갱이, 즉 광자로 보는 개념은 고전물리에 존재하지 않았지만, 빛 에너지 특성을 더 잘 설명할 수 있음을 보인 것이었다. 이렇게 아인슈타인은 플랑크 양자 개념 정립에 결정적인 기여를 하며 양자과학의 선구자 역할을 했다.

플랑크 양자 가설을 받아들여 광전효과를 설명한 아인슈타인.
© Oren Jack Turner/wikipedia

1905년 아인슈타인이 발표한 논문 「빛 생성과 변환에 대한 경험적 관점에 관하여」.
© Annalen der Physik

그런데 양자과학의 이 두 선구자는 보어, 하이젠베르크 등에 의해 양자역학이 이론으로 정립되어가자 자신들이 벗어나고자 했던 고전물리학이 양자역학보다 더 완전한 이론임을 입증하는 데 집중했다. 이는 이후 양자역학 해석을 둘러싼 논쟁에서 살펴볼 것이다.

✦ 원자 세계를 잘 설명하는 보어의 양자 궤도 원자모형

아인슈타인의 광전효과에 관한 논문이 발표된 지 6년 후인 1911년 덴마크 코펜하겐대에서 금속 내 전자 이론에 대한 논문으로 박사 학위 논문을 완성한 닐스 보어(Niels H.D. Bohr)가 양자과학 역사의 무대에 들어섰다. 학위 과정을 마친 후 보어는 콤프턴 산란을 설명하기 위해 파동 기반 이론을 적용하여 원자모형을 완성하는 일에 매달렸다. 그리고 그는 1913년 고전 전자기학과 새로운 양자론을 조합해 자신의 원자모형을 완성했다. 이 무렵 보어는 아인슈타인이 빛에 대해 그랬듯이 고전 전자기학만으로 금속 내 전자 운동을 설명하지 못함을 인지하고 있었다. 마침 원자핵 내부 구조를 밝힌 영국의 핵물리학자 러더퍼드(Ernest Rutherford)와 공동연구를 시작하면서 보어는 전자 운동을 설명할 새로운 원자모형 구축에 나섰다. 러더퍼드의 원자모형에 플랑크, 아인슈타인의 광양자 가설을 도입하고, 선스펙트럼에 관한 발머 계열식을 종합하자 전자 운동을 정확하게 재현해 주는 새로운 원자모형이 만들어진 것이다.

보어의 원자모형은 고전역학과 양자 이론을 결합한 이론으로, 전자들이 정해진 양자화된 궤도를 따라 돈다는 가정을 담고 있었다. 이후 1916년 독일의 좀머펠트(Arnold Sommerfeld)가 이 모형을 수정해 더 발전된 형태의 '보어-좀머펠트 모형'을 완성했다. 처음 보어의 원자모형에 대해 '대담하고' '환상적'이라며 회의적인 태도를 보였던 좀머펠트가 보어 모형에 타원궤도와 자신이 밝힌 새로운 양자 조건을 도입해 모형을 수정한 것이다. 이 수정된 모형은 수소 스펙트럼 문제를 완벽히 풀어 주면서 이론의 지위를 얻게 됐다. 그러나 이 모형이 수소 다음으로 간단한 원소인 중성 헬륨 원자를 잘 설명하지 못하면서 한계를 드러냈다. 2차원 평면의 고리 모형이 지금 우리가 알고 있는 전자의 스핀 운동은 설명하지 못한 것이었다. 보어는 자신의 모형이 갖는 문제점을 해결하고자 다면체연합 전자 궤도 모형을 흡수해 제2의 보어-좀머펠트 모형을 만들어 냈다.

아울러 보어는 '미시적 세계를 기술하는 새로운 양자 이론은 규모의 극한에 도달해서는 거시세계를 기술하는 고전역학과 일치한다'는 대응 원리를 제안했다. 즉, 거시세계 규모에 양자 이론을 적용해 설명할 때 설명 내용은 고전역학과 같아진다는 뜻이다. 1920년 무렵에 보어는 자신의 원자모형이 보이는 문제점을 개선해 스펙트럼의 진동수와 강도도 자신의 모형으로 설명할 수 있음을 보이고자 했고, 이를 위해 대응 원리를 제안했던 것이다. 이 원리는 과학자들 사이에서 그때까지 설명할 수 없었던 새로운 양자 현상을 설명해 주는 좋은 도구로 받아들여졌다. 그러나 모형 수정과 대응 원리가 보어-좀머펠트 모형이 갖고 있던 근본적인 문제를 해결해 주지는 못했다. 1922년까지도 원자 구조를 해명할 수 있는, 가장 신뢰성 있는 이론이었던 보어 모형은 1923년 심각한 위기에 봉착하게 됐다.

다전자 원자 혹은 분자 특성을 설명하는 데 보어 원자모형이 불충분하다는 사실이 보른과 볼프강 파울리(Wolfgang Pauli), 하이젠베르크, 파스쿠알 요르단(Pascual Jordan)의 공동연구로 분명히 드러나게 됐다. 1922년 6월 독일 괴팅겐에서 열린 '보어 축제(양자론과 관련된 최근 성과에 대한 보어 강연의 별명)'에 참여했던 보른은 당시 자신의 연구 주제였던 고체 결정 격자 이론을 잠시 미루고 양자론 연구를 본격적으로 시작했다. 특히 파울리, 하이젠베르크와 공동으로 푸앵카레의 천체역학적 이론을 이용해 보어 원자모형을 다전자 체계로 확장하는 프로젝트를 추진했다. 파울리와는 세차 운동에 의해 생기는 '고유 겹침(intrinsic degeneracy)'을, 하이젠베르크와는 전자들의 질량이 서로 같아 위상 관계에서 생기는 '우연한 겹침(accidental degeneracy)'을 체계적으로 연구했다. 다전자 체계에서 나타날 수 있는 모든 겹침 현상을 면밀히 검토한 결과 이들은 헬륨이나 수소 분자의 에너지 값이 보어 원자모형에 의해서 예측된 것으로는 설명할 수 없음을 입증할 수 있었다. 그 뒤 보른의 프로그램에 참여했던 과학자들은 보어 원자모형을 벗어나 좀 더 근본적으로 양자 기반의 새로운 역학 이론 수립에 나섰다.

◆ 양자역학 방정식의 완성

양자역학을 처음으로 이론 체계로 정립한 과학자가 보른과 공동연구를 했던 하이젠베르크였다. '보어 축제'에 가장 어린 청중으로 참석했던 하이젠베르크는 강연회장에서 보어에게 비판적인 질문을 날려 보어의 주목을 받았고 그날 보어의 초대로 산책길에 동행하게 됐다. 이때의 만남을 계기로 하이젠베르크는 보어와의 학문적 우정을 키워 갔고 자연을 보는 새로운 관점을 획득했다고 한다.

같은 해 지도교수 좀머펠트의 소개 덕분에 보른을 만난 하이젠베르크는 괴팅겐에서 물리학을 다루는 수학적 방법을 철저하게 배울 기회를 얻게 됐다. 또한 보른과의 협동 작업을 통해 헬륨 문제가 보어 원자모형으로 해결되지 않는다는 것을 분명하게 인식했다. 천체역학 연구에도 참여하면서 하이젠베르크는 당시의 양자 조건이 잘못됐든지 아니면 전자의 운동이 더 이상 고전역학적 방정식을 따르지 않는다고 생각하게 됐다. 1924년 보른 밑에서 비정상 제만효과로 교수자격 취득과정을 통과한 하이젠베르크는 이 과정에서 보른이 창안한 차분역학 방법을 익혔고, 이어 1925년에는 닐스 보어 연구실 장학생으로 가게 되어 보어로부터 물리학의 철학적 의미에 대해 많은 것을 배웠다.

이런 일련의 과정들을 거친 1925년 5월부터 하이젠베르크는 원자모형 문제를 새로운 방법으로 접근하기 시작했다. 그는 일단 고전 전자기 이론을 따르는 가상 진동자에 대해 고전 운동방정식을 만든 후, 보어의 대응 원리를 적용해 고전역학 체계에서 벗어나 보고자 했다. 하이젠베르크는 고전 역학에서 다루는 양이 어떤 조작을 통해 양자론에서 나오는 양에 대응하게 할 수 있는지를 알아내기 위해 수소 원자모형보다 간단한 1차원의 비조화 진동자 문제를 풀어 보고자 했다. 동시에 하이젠베르크는 이 문제 풀이 과정에서 모든 변수를 고려하지 않고 관찰 가능한 양만을 고려하기로 했다. 이런 입장은 동료 과학자 파울리의 제안이었는데, 파울리는 모든 물리법칙을 논할 때 항상 관찰 가능한 양만을 고려해야 한다고 주장했다. 파울리의 이런 입장을 받아들임으로써 하이젠베르크는 진동자 문제를 좀 더 간편하게 풀 수 있었다. 그리고는 1925년 6월 7일 건초병 치료차 독일 헬골란트섬에 2주간 머물면서 비조화 진동자에 대한 수식을 마무

ⓒ German Federal Archives

ⓒ Annalen der Physik

Über quantentheoretische Umdeutung kinematischer und mechanischer Beziehungen.

Von **W. Heisenberg** in Göttingen.

(Eingegangen am 29. Juli 1925.)

In der Arbeit soll versucht werden, Grundlagen zu gewinnen für eine quantentheoretische Mechanik, die ausschließlich auf Beziehungen zwischen prinzipiell beobachtbaren Größen basiert ist.

Bekanntlich läßt sich gegen die formalen Regeln, die allgemein in der Quantentheorie zur Berechnung beobachtbarer Größen (z. B. der Energie im Wasserstoffatom) benutzt werden, der schwerwiegende Einwand erheben, daß jene Rechenregeln als wesentlichen Bestandteil Beziehungen enthalten zwischen Größen, die scheinbar prinzipiell nicht beobachtet werden können (wie z. B. Ort, Umlaufszeit des Elektrons), daß also jenen Regeln offenbar jedes anschauliche physikalische Fundament mangelt, wenn man nicht immer noch an der Hoffnung festhalten will, daß jene bis jetzt unbeobachtbaren Größen später vielleicht experimentell zugänglich gemacht werden könnten. Diese Hoffnung könnte als berechtigt angesehen werden, wenn die genannten Regeln in sich konsequent und auf einen bestimmt umgrenzten Bereich quantentheoretischer Probleme anwendbar wären. Die Erfahrung zeigt aber, daß sich nur das Wasserstoffatom und der Starkeffekt dieses Atoms jenen formalen Regeln der Quantentheorie fügen, daß aber schon beim Problem der „gekreuzten Felder" (Wasserstoffatom in elektrischem und magnetischem Feld verschiedener Richtung) fundamentale Schwierigkeiten auftreten, daß die Reaktion der Atome auf periodisch wechselnde Felder sicherlich nicht durch die genannten Regeln beschrieben werden kann, und daß schließlich eine Ausdehnung der Quantenregeln auf die Behandlung der Atome mit mehreren Elektronen sich als unmöglich erwiesen hat. Es ist üblich geworden, dieses Versagen der quantentheoretischen Regeln, die ja wesentlich durch die Anwendung der klassischen Mechanik charakterisiert waren, als Abweichung von der klassischen Mechanik zu bezeichnen. Diese Bezeichnung kann aber wohl kaum als sinngemäß angesehen werden, wenn man bedenkt, daß schon die (ja ganz allgemein gültige) Einstein-Bohrsche Frequenzbedingung eine so völlige Absage an die klassische Mechanik oder besser, vom Standpunkt der Wellentheorie aus, an die dieser Mechanik zugrunde liegende Kinematik darstellt, daß auch bei den einfachsten quantentheoretischen Problemen an

Zeitschrift für Physik. Bd. XXXIII.   59

할 때 항상 관찰 가능한 양만을 고려해야 한다고 주장했다. 파울리의 이런 입장을 받아들임으로써 하이젠베르크는 진동자 문제를 좀 더 간편하게 풀 수 있었다. 그리고는 1925년 6월 7일 건초병 치료차 독일 헬골란트섬에 2주간 머물면서 비조화 진동자에 대한 수식을 마무

리하게 됐다. 이렇게 하이젠베르크는 행렬역학을 기반으로 한 양자역학 이론 체계를 완성할 수 있었다. 휴가에서 그는 자신이 생각해 낸 새로운 양자론적 방법이 에너지 보존 법칙을 충족함을 증명하고는 그해 7월 《물리학 연보》에 「운동학적 역학적 관계들에 대한 양자 이론적 재해석」 논문을 출간했다. 하이젠베르크의 행렬역학이 세상에 나온 날이었고 고전역학을 대체하는 양자역학의 출발을 알리는 날이기도 했다.

스티븐 와인버그(Steven Weinberg)가 "마법 그 자체"라고 언급할 정도로 난해하기로 유명했던 이 논문은 하이젠베르크에게 양자역학의 기초를 세운 공로로 1932년 노벨 물리학상을 안겨 주었다. 양자역학 100주년은 바로 이 논문이 발표된 지 100년이 된 것을 기념하는 것이기도 하다. 그런데 이 역사적 논문에서 하이젠베르크는 자신이 사용한 상징적인 곱셈이 수학적으로 행렬의 곱셈에 해당한다는 것을 정작 인식하지 못하고 있었다. 이를 이해한 사람은 하이젠베르크를 조교로 받아들여 공동 연구를 수행하던, 수학에 정통한 막스 보른이었다. 1924년에 보른은 '양자역학' 이름을 처음 만들어 이전의 '양자가설' '양자 이론' 용어를 대체하며 양자역학 이론 정립에 기여했다. 1926년 초 보른, 하이젠베르크, 요르단(P. Jordan)은 함께 '3인 논문'으로도 불리는 「양자역학에 관하여 II」를 출판하여 행렬역학적 방법의 완성을 세상에 알렸다.

당시 물리학계의 신망을 받고 있었던 파울리는 보른의 수학화를 못마땅하게 생각했고, 3인의 연구에도 직접 관여하지 않으며 처음에는 행렬역학에 대해서도 방관자적인 태도를 보였다. 그러나 행렬역학의 유효성이 다른 과학자들에 의해 입증되자 스스로 수소 발머 계열식을 행렬역학적 방법에 기초해 풀어냄으로써 행렬역학을 한 단계 진전시켰다. 파울리는 당대 물리학의 양심으로 불렸고, 논문 출간 전에 그의 검토를 받는 것이 정설이 될 정도였다. 그런 그가 행렬역학 방법으로 수소 스펙트럼 문제를 해결해 내자 난해하기 그지없던 하이젠베르크의 행렬역학이 서서히 물리학자들 사이에 양자역학의 정석으로 받아들여지게 됐다.

한편, 원자론 문제를 풀기 위해 양자역학 방정식을 하이젠베르크와는 다른 방식으로 정립하고자 한 과학자가 있었다. 바로 에르빈 슈뢰딩거(Erwin R. J. A. Schrödinger)였다. 볼츠만의 통계역학에 영향을 받은 슈뢰딩거는 1920년 좀머펠트의 고전 양자론 책의 교정 작업을 시작하면서 본격적으로 양자론 분야에 발을 내딛게 됐다. 1925년부터 그는 아인슈타인의 기체 이론을 적용해 이상기체의 통계학적 열역학을 연구하기 시작했다. 그 무렵 슈뢰딩거는 물질이 파동적인 성질을 나타낸다는 프랑스 물리학자 드 브로이(Louis de Broglie) 논문을 자신의 관점에서 해석하여 '입자는 세계의 기초를 형성하는 파동 복사 위로 솟아 나온 거품산등성이(Schaumkamm)'라는 결론을 얻었고 이런 입자 개념을 자신의 기체 통계학에 활용할 수 있다고 생각했다. 물질파론을 수용한 슈뢰딩거는 입자 상태를 파동함수로 보고, 이 파동함수를 설명하는 파동방정식을 구축하고자 했다.

슈뢰딩거는 처음에는 상대론적 파동방정식으로 수소의 발머 계열을 설명하려고 했으나 이론적 결과가 실험치와 맞지 않자 이를 포기했다. 슈뢰딩거는 당시 최신 이론이었던 아인슈타인의 특수 상대성이론의 원리를 양자역학적 파동방정식에 녹여 내고 싶었으나 실패하고 말았다. 그 뒤 슈뢰딩거는 비상대론적인 파동방정식을 만들어 이것으로 수소의 발머 계열을 정확하게 설명해 낼 수 있음을 보였다. 이 과정에서 슈뢰딩거는 모순적인 상황을 맞이했다. 드 브로이의 물질파 이론은 상대성이론을 전제로 하고 있었는데, 이 이론을 적용하여 얻어낸 슈뢰딩거의 파동방정식은 비상대론적인 수정을 거쳐야 실험값에 일치하는 것이었다. 즉, 비상대론적 파동방정식이 수소의 발머 계열을 잘 설명했다는 말이다. 이런 문제가 있었지만 슈뢰딩거는 1926년 1월부터 6월까지 자신의 비상대론적 파동방정식을《물리학 연보》에 4차례에 걸쳐 「고윳값 문제로서 양자화(Quantisierung als Eigenwertproblem)」라는 논문으로 공개했다. 이렇게 슈뢰딩거의 파동방정식이 세상에 알려지게 됐다.

슈뢰딩거 방정식은 물리학자들에게 그 시기에 익숙해 있던 미분방정식 형태를 띠고 있었고 관측하는 물리계가 갖는 총에너지를 설명해 주었다. 이 방정식은 파동함수가 시간에 따라 어떻게 진화하는지를 보여 주었다. 미분방정식은 오랫동안 물리학자들이 풀어왔던 방정식이어서 하이젠베르크의 행렬역학과 달리 고전역학에 익숙한 물리학자들에게 큰 거부감 없이 받아들여졌다. 1927년 데이비슨(C. J. Davisson)과 톰슨(George P. Thomson)이 전자산란 실험과 전자 회절 실험으로 드브로이의 물질파 이론과 슈뢰딩거의 파동방정식을 입증함으로써 슈뢰딩거의 파동방정식은 이론의 지위를 확보할 수 있었다.

◀

파동방정식을 만들어 낸 슈뢰딩거.
© wikipedia/Narodowe Archiwum Cyfrowe

▲

1926년 슈뢰딩거가 발표한 논문 「고윳값 문제로서 양자화(Quantisierung als Eigenwertproblem)」.
© Annalen der Physik

　　이와 함께 슈뢰딩거의 논문은 동료 과학자들에게 파동방정식을 상대성이론과 융합하는 연구에 대한 관심을 불러일으켰다. 이후 수많은 시도 끝에 폴 디랙(Paul Dirac)이 상대론적 파동방정식을 완성해 냈다. 디랙의 파동방정식은 슈뢰딩거 파동방정식에 일반 보편 이론의 지위를 부여해 줌과 동시에 이 파동방정식으로 전자 파동함수를 구하고 양전자 예측을 가능하게 해 주었다. 원자핵 단위의 미시세계 구조와 특성에 대한 설명이 이제 양자역학 이론에 의해 가능해진 것이었다. 행렬역학과 나란히 파동역학으로 불린 슈뢰딩거 방정식의 완성으로 물리학자들은 우리 우주를 구성하고 있는 모든 원소의 전자 구조를 기술할 수 있게 됐다. 이러한 원소들이 조합되어 만들어지는 모든 물질의 성질도 원리적으로 정확하게 서술할 수 있었다. 고전물리학이 설명하지 못하던 미시세계를 행렬역학과 파동방정식의 양자역학 이론으로 설명할 수 있게 된 것이다.

　　하이젠베르크와 슈뢰딩거가 각자의 방정식으로 양자역학의 시대를 열어 놓은 1920년대 후반만 해도 두 방정식은 개별 역학적 문제를 해결하

The Quantum Theory of the Electron.

By P. A. M. DIRAC, St. John's College, Cambridge.

(Communicated by R. H. Fowler, F.R.S.—Received January 2, 1928.)

The new quantum mechanics, when applied to the problem of the structure of the atom with point-charge electrons, does not give results in agreement with experiment. The discrepancies consist of "duplexity" phenomena, the observed number of stationary states for an electron in an atom being twice the number given by the theory. To meet the difficulty, Goudsmit and Uhlenbeck have introduced the idea of an electron with a spin angular momentum of half a quantum and a magnetic moment of one Bohr magneton. This model for the electron has been fitted into the new mechanics by Pauli,* and Darwin,† working with an equivalent theory, has shown that it gives results in agreement with experiment for hydrogen-like spectra to the first order of accuracy.

The question remains as to why Nature should have chosen this particular model for the electron instead of being satisfied with the point-charge. One would like to find some incompleteness in the previous methods of applying quantum mechanics to the point-charge electron such that, when removed, the whole of the duplexity phenomena follow without arbitrary assumptions. In the present paper it is shown that this is the case, the incompleteness of the previous theories lying in their disagreement with relativity, or, alternatively, with the general transformation theory of quantum mechanics. It appears that the simplest Hamiltonian for a point-charge electron satisfying the requirements of both relativity and the general transformation theory leads to an explanation of all duplexity phenomena without further assumption. All the same there is a great deal of truth in the spinning electron model, at least as a first approximation. The most important failure of the model seems to be that the magnitude of the resultant orbital angular momentum of an electron moving in an orbit in a central field of force is not a constant, as the model leads one to expect.

▲
상대론적 파동방정식을 완성한 폴 디랙.
© Nobel Foundation

▶
1928년 디랙이 발표한 논문 「전자의 양자 이론」.
© Proceedings of the Royal Society of London A

는 데 각각 활용되고 있었을 뿐 두 방정식의 관계는 알려지지 않았다. 그러나 얼마 지나지 않아 행렬역학과 파동역학이 체계로서 동등하다는 사실이 밝혀졌다. 각각의 수식이 표현하는 물질 특성은 동일한 내용이었던 셈이다.

◆ 양자역학과 철학적 논쟁: 아인슈타인, 슈뢰딩거, 보어

양자역학의 방정식들이 정립되면서 양자역학을 확률 관점에서 해석하는 제안을 둘러싸고 논쟁이 벌어졌다. 1927년 초 하이젠베르크는 감마선 현미경 사고실험을 구상하는 과정에서 불확정성 원리라는 새로운 원칙을 도입하는 것이 필요함을 깨닫게 됐다. 전자 하나의 위치를 더 정확하게 알자면 더 짧은 파장을 사용하는 현미경을 이용해야만 했다. 그런데 당시 알려진 콤프턴 효과, 즉 전자로 인해 탄성적으로 산란된 X선과 고에너지 전자기 복사 파장이 증가하는 현상의 영향으로 관측하고자 하는 전자의 운동량에 대해서는 부정확한 값밖에 얻을 수 없었다. 이런 관측 사실로부터 하이젠베르크는 위치와 운동량은 아주 작은 범위 내에서 서로 불확실한 관계에 놓이게 된다는 결론에 이르렀고, 이를 '불확정성 원리'라 불렀다.

한편, 보어는 거시세계와 미시세계의 관계에서 보이는 불확실성을 '상보성 원리'라고 명명했다. 거시세계의 용어와 거기에서 얻어진 개념을 바탕으로 원자 현상이라는 미시세계를 기술할 수밖에 없기 때문에 미시세계를 설명하는 우리 용어가 한계를 지닐 수밖에 없다고 보았다. 미시세계에서 나타나는 입자적 성질과 파동적 성질이 혼재한 모습에 혼란을 느끼면서 이 이중성이 양립할 수밖에 없다는 것을 설명하는 이론으로 '상보성 원리'를 도입한 것이었다. 용어 그대로를 설명하자면 '대립적인 두 개의 물리량이 상호 보완하여 하나의 사물이나 세계를 형성한다는 원리'이다. 또한 미시세계에서 서로 배타적인 특성인 입자적 성질과 파동적 성질이 동시에 존재하나 두 성질은 동시에 관측되거나 측정될 수 없다는 내용도 이 원리에 담겨 있었다.

상보성 원리는 하이젠베르크의 불확정성 원리와 불가분의 관계에 있었다. 불확정성 원리가 양자세계에 대한 수학적인 진술이라면 상보성 원리는 양자세계에 대한 철학적이고 포괄적인 진술이라 할 수 있다. 불확정성 원리는 상보성 원리의 한 사례라고 할 수 있다. 보어의 상보성 원리와 하이젠베르크의 불확정성 원리가 서로 합쳐져서 코펜하겐 해석으로 불리게 됐고, 이는 양자역학을 해석하는 다양한 해석 중의 하나로 20세기 전반에 걸쳐 가장 영향력이 컸던 해석으로 물리학계에서 받아들여졌다.

그런데 이 코펜하겐 해석은 고전역학에서는 도저히 실재(實在)로 받아들일 수 없는 현상을 용인하고 있었다. 즉, 양자역학의 세계에는 여러 가능성을 동시에 갖는 '양자 중첩'이 존재한다는 것이다. 하이젠베르크는 불확정성의 원리에 의해 전자나 입자의 위치와 운동량을 정확하게 알아낼 수 없기에 그중 하나(예를 들어 위치)가 명확한 값을 갖는 상태는 다른 하나(예를 들어 운동량)가 불확실한 수많은 상태가 중첩돼 있는 상태로 봐야 한다고 설명했다. 미시세계와 거시세계를 대상으로 설명하자면 우주는 거시세계와 미시세계로 구성돼 있다. 거시세계는 뉴턴이 만든 고전역학이 지배하고 미시세계는 양자역학이 지배하는데, 여기에는 여러 가능성을 동시에 갖는 상태인 중첩 상태가 존재한다. 그런데 거시세계의 실험 장치에 기댄 관측이 이루어지면 미시세계의 중첩 상태는 깨지고 거시상태의 한 상태로 귀결된다. 고전물리에서 전자와 같은 입자는 실재이고 객관적인 위치와 운동량을 가지지만, 양자역학에서는 이들 양은 측정하기 전에 어떤 객관적인 방식으로 존재하는 것이 아니었다.

위치와 운동량은 관측될 수 있지만, 사전에 존재한다는 것은 사실이 아니다. 빛이 입자냐 파동이냐에 대한 결정은 빛이라는 그 대상을 관측했을 때 정해진다는 점에서 자연 상태가 관찰자의 영향을 받음을 의미하는 것이었다. 중첩 상태, 관찰자의 영향 등은 고전 물리 이론의 결정론적, 객관적 특성을 신뢰하던 이들에게는 받아들이기 어려웠다.

특히 아인슈타인이 논문을 발표하며 양자역학 비판에 나섰던 양자역학 개념 중의 하나가 '양자얽힘'이었다. 그런데 이 개념은 물리적 실재와 관련하여 양자역학을 비판했던 슈뢰딩거가 양자역학의 가장 핵심적인 개념이자 측정 과정을 이해할 수 있게 하는 가장 중요한 개념이라 본 것이었다. 그에 따르면 "상태를 알고 있는 두 계가 일시적으로 물리적 상호작용을 할 때, 상호 영향의 시간이 지난 뒤 두 계가 떨어져 있게 되면 이전과 같이 각각 기술되지 않고 그 계들 자체의 상태를 부여받게 된다. … 상호작용을 통해 두 상태는 얽히게 된다". 슈뢰딩거는 이 얽힘 개념이 양자역학을 고전적인 사고의 틀에서 벗어나게 한다고 봤다. 그런데 이 얽힘은 아인슈타인이 거부한 '원거리 기묘한 작용'을 전제하는 것이었다. 지각 행위와 독립적으로 실재하는 세계를 가정하는 것이 물리학의 기본이라 믿었던 아인슈타인에게 코펜하겐 해석은 완전한 이론이라 보기 어려웠다. 그는 코펜하겐 해석이 "우리가 달을 보지 않으면 달은 없는 것인가? 달을 보는 순간 달이 그 위치에 있게 되나?"라는 질문을 우리에게 던지고 있는 것이라 생각했다.

코펜하겐 해석을 따르는 막스 보른이 슈뢰딩거 파동방정식을 통계적이고 비인과적으로 해석하며 파동방정식이 확률론적 특성을 보인다고 주장하자, 양자역학 개념 일부는 받아들이고 있던 슈뢰딩거도 아인슈타인의 양자역학 비판에 가세하기 시작했다. 보른은 슈뢰딩거의 파동함수의 제곱은 실제 전자의 밀도를 나타내는 것이 아니라 전자가 다른 입자들과 충돌해서 나타날 수 있는 가능한 상태, 즉 확률을 말해 준다고 주장한 것이었다. 양자 측정 결과를 정확하게 예측할 수는 없고 전자의 위치에 대한 특정 결과를 얻을 수 있는 확률만을 결정할 수 있을 뿐이라고 했다. 아인슈타인은 "신은 주사위 놀이를 하지 않는다"며 양자역학의 확률론적 해석, 비결정론적 특성을 단호히 거부했다. 아인슈타인은 물리에서는 실재하는 개별 상황에 대한 서술은 관찰 행위와 상관없이 일관되게 이루어져야 한다는 고전물리학적 세계관을 고수하고 있었다. 이런 물리적 실재에 대한 관점은 양자역학에서는 더 이상 유지될 수 없는 것이었다. 슈뢰딩거 역시 자신의 파동함수가 실제 전자 밀도를 나타낸다고 봤으나, 코펜하겐 해석을 따르는 보른이 전자 상태를 나타내는 확률로 해석해 자신이 믿고 있던 물리적 실재를 부정해 버렸다. 더구나 양자역학 이론에서는 원자 내의 전자가 정상적인 에너지 준위들 사이를 마치 도약하듯 순간적으로 상태가 전이되는 '양자 도약(quantum jump)' 개념을 허용하고 있던 것도 슈뢰딩거에게는 못마땅해 보였다.

1935년 아인슈타인은 보리스 포돌스키(Boris Podolsky), 네이선 로젠(Nathan Rosen)과 함께 미국 물리학회에서 발간하는 《피지컬 리뷰(Physical Review)》 저널에 도발적인 제목의 논문(저자 세 사람의 영문 이름 머리글자를 따서 EPR 논문이라고 함)을 출간해 양자역학을 공개적으로 비판했다. 즉, 「물리적인 실체에 관한 양자역학적인 기술 방식은 완전한 것으로 여겨질 수 있는가?」라는 제목의 논문에서 저자들은 측정이 결과에 영향을 미친다는 양자역학의 기술 방식이 완전할 수 없다는 결론을 내린 것이다. 양자역학에서 파동방정식으로 구하는, 실재에 대한 기술은 완전하지 않거나 두 물리량이 동시에 실체를 가질 수는 없다고 주장한 것이다. 아인슈타인은 지구와 달에서의 전자쌍 측정과 관계되는 사고실험을 가정해 이 실험이 양자역학의 얽힘 개념을 따르자면 상대성 원리를 명백히 위배해야 함을 보이고자 했다. 이를 증명해 양자역학이 불완전한 이론임을 밝히고자 한 것이다. 당대 아인슈

'아인슈타인이 양자 이론을 공격하다'라는 제목으로 EPR 논문을 소개하는 《뉴욕타임스》 기사.
ⓒ 뉴욕타임스

타인의 명성 덕에 이 어려운 물리학 논문은 1935년 5월 4일 《뉴욕타임스》
에까지 소개됐다. '아인슈타인이 양자 이론을 공격하다'라는 제목하에 '양
자 이론이 정확할지는 몰라도 불완전하다'는 논문의 주장이 대중들에게 알
려졌다. 이로써 과학계 내에서만 알려져 있던 아인슈타인-보어 논쟁이 일반
대중들에게까지 공개돼 버렸다.

한편 같은 해 11월 슈뢰딩거는 「양자역학의 현재 상황」이라는 제목의
논문에서 유명한 '슈뢰딩거의 고양이'를 서술해 코펜하겐 해석을 반박했다.
양자역학에서 확률 분포만을 예측할 수 있다고 해서 대상이 이것 또는 저것
으로 명확한 상태에 있는 것이 아니라 뭔가 흐려져서 어중간한 구름이나 안
개처럼 있다는 것으로 해석해서는 안 된다는 점을 명확히 하고자 했다. 양자
역학이 만들어 내는 실재가 처하는 모순적인 상황을 묘사해 양자역학이 실
재론과의 단절을 보이고 있음을 비판했던 것이다. 물리적 실재와는 거리가
먼 슈뢰딩거의 고양이는 EPR 논문과 마찬가지로 양자역학의 불완전성을 보
여 주는 것이었다. 양자 이론 해석을 둘러싼 이 논쟁은 아인슈타인의 바람과
달리 코펜하겐 해석의 지위를 더 공고히 해 주었다. 이 논쟁은 또, 1950년대
이후 과학 이론 및 인식론적 연구의 주요 주제가 되면서 과학철학 연구를 발
전시키기도 했다.

◆ 실험으로 입증된 얽힘과 중첩

EPR 논문으로 1940년대까지만 해도 양자역학 이론을 둘러싼 철학적
논쟁이 다수 과학자들의 관심을 촉발했지만, 원자폭탄 개발 이후 물리학자
들은 양자역학의 쓰임새에 더 흥미를 느꼈다. 논쟁의 초점이 됐던 코펜하겐
해석은 1950년대 이후 양자역학의 주류 해석이 됐고 EPR 논문은 양자역학
응용과 관련된 실험 연구를 촉진하는 역할을 했다. 양자역학 해석의 문제는
실험적으로 검증 불가능한 철학적 영역이라는 암묵적 동의가 1964년 유럽
입자물리학연구소(CERN) 소속 물리학자 존 스튜어트 벨(John Stewart Bell)에
의해 흔들리기 시작했다.

벨은《피직스(Physics)》저널에 「아인슈타인-포돌스키-로젠 역설에 관하여(On the Einstein Podolsky Rosen paradox)」라는 기념비적인 논문을 발표하게 되는데, 이 논문에는 EPR 역설을 실제로 실험적으로 검증할 수 있는 방법, 즉 벨 부등식을 정립해 두었다. 양자 물리계로 자신

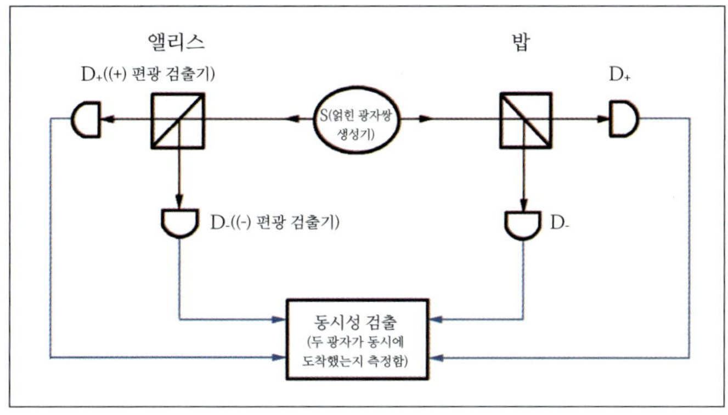

벨 실험의 시나리오에서 소스 S는 얽힘 상태를 생성하고 앨리스와 밥은 측정을 수행한다. 측정 결과를 모아서 확률 분포를 밝혀내고 벨 부등식을 충족하는지를 확인한다.
© 《물리학과 첨단기술》 2022년 12월 31권 12호

이 제안한 실험을 수행하면 이 부등식을 충족하지 않는 경우가 나올 수 있다고 예측했다. 실험에서 얻은 확률 분포들이 벨 부등식을 위배하게 되면 실험에서 사용된 물리계를 기술하는 물리 이론이 고전적인 역학 이론이 아니라는 결론을 내릴 수 있다고 제안한 것이었다.

벨 부등식은 겨우 4권을 발간하고 폐간해 버린 저널에 실려 있어서 출간 당시 과학자들의 주목을 받지 못한 채 잊혔다. 1969년 미국 컬럼비아대 박사과정에 있던 클라우저(J. Clauser)가 도서관에서 우연히 벨의 논문을 발견하고 실험 검증에 들어갔다. 동료들과 실험을 거듭하면서 클라우저는 별도의 가정 없이도 실험을 구현할 수 있도록 벨 부등식을 발전시켜 동료들의 이니셜이 들어간 CHSH(Clauer-Horn-Shimony-Holt) 부등식을 완성했다. 그리고 이것은 현재 가장 널리 사용되는 벨 부등식이 됐다. 박사 학위를 받은 클라우저는 1972년에 박사과정 학생 프리드먼(S. J. Freedman)과 함께 최초로 벨 부등식이 위배되는 경우가 있음을 실험으로 입증해 냈다. 이 클라우저 실험의 문제들을 해결해 아인슈타인의 주장을 완벽하게 반박한 과학자가 알랭 아스페(A. Aspect)였다.

1980년대 초반 프랑스에서 박사 학위 과정에서 벨 부등식 실험을 진행하면서 아스페는 당시 발전한 기술인 레이저 이광자 흡수 기법을 사용해 실험에 필요한 양자얽힘 상태의 광자쌍을 초당 100회까지 증가시킬 수 있었고 실험 시간을 단축하며 실험을 반복할 수 있었다. 그 결과 아스페는 1982년에 얽힘이 실재하는 것을 보여 양자역학 해석의 불완전성을 반증하

●
벨 부등식을 증명해 노벨
물리학상을 받은 3명의
물리학자들.
© Nobel Foundation

게 됐다. 1990년대에 벨 부등식 실험에 매달린 차일링거(A. Zeilinger) 팀이 발달된 광원 기술, 검출기 기술 등을 활용해 이전 실험들을 혁신함으로써 양자역학 해석을 완벽하게 실험적으로 검증하는 데 성공했다. 한편, 차일링거 팀은 1997년에 양자 상태를 손상 없이 원거리로 전송하는 양자 원격전송을 구현했으며 양자얽힘 교환 기술 개발을 이루어 냈다. 양자얽힘 상태를 전송하는 데 사용하는 이 교환 기술은 원거리 양자통신을 실현하는 데 필요한 핵심 기술로 알려져 있다.

2022년 벨 부등식 실험에 공헌해 온 이 세 사람은 양자정보과학 기초를 닦은 공로를 인정받아 노벨 물리학상을 공동 수상했다. 벨 부등식 실험은 양자역학 이론의 정립에 결정적인 역할을 했음은 물론이고 양자얽힘 발생 기술, 양자얽힘을 이용한 양자 전송 기술 구현에도 기여해 결과적으로 양자통신, 양자컴퓨팅 기술 발달을 가져왔다. 차일링거 팀의 노력 덕분에 양자정보가 가진 독특한 특성을 활용해 안전성이 보장된 통신기술을 구현하고 양자정보를 전송하는 새로운 통신 체계 구축이 앞당겨지게 됐다. 양자얽힘을 만들어 내는 기술이 실험과 더불어 발달하면서 우리는 양자정보과학의 시대로 첫걸음을 내딛게 됐다.

입자가 중첩 상태로 존재하면서 서로 반대되는 두 가지 특징을 동시에 지닐 수 있다는 양자역학 이론의 주장을 슈뢰딩거는 슈뢰딩거의 고양이로 반증하고자 했으나, 2016년 미국 매사추세츠공대(MIT) 물리학자들이 슈뢰딩거 고양이를 실험실에서 만들 수 있음을 보였다. 이들은 일상적인 물질과 아주 약하게 상호작용하는 아원자 입자인 중성미자가 슈뢰딩거 고양이

상태로 수백 킬로미터를 이동할 수 있음을 입증한 것이다. 중성미자는 고정된 한 가지 상태가 아니라 세 종류가 양자역학적으로 혼합된 상태로 존재한다. 그런데 중성미자가 페르미연구소로부터 멀리 떨어진 갱도에 도달해 측정될 때 비로소 한 가지 명확한 상태로 나타나는 것을 알게 됐는데, 이는 슈뢰딩거 고양이에 정확히 부응하는 상황이었다. 중성미자 진동이 양자 중첩 탐구에 강력한 수단이 될 것이라는 예측은 이미 1950년대에 이탈리아 출신 러시아 물리학자 브루노 폰테코르보가 한 바 있다.

◆ 양자 기술 혁명

양자역학 이론의 완전성이 실험으로 입증되는 동안 오늘날 소립자 물리학의 발전을 가져온 양자전기역학(QED)도 1930년대부터 폴 디랙, 슈윙거(J. S. Schwinger), 리처드 파인만(R. Feynman), 도모나가 신이치로에 의해 체계화됐다. 양자역학을 전자만이 아니라 빛을 포함한 물질 입자 전체, 전자기장에도 적용할 수 있는 일반 이론으로 확장하는 과정에서 정립된 양자전기역학은 반입자, 양자장 변환으로 소립자의 물리적 특성을 설명할 수 있게 했다. QED는 고체물리, 핵물리학과 통계역학에서 적용되는 핵심 이론이 되어 감마선, 힉스 보존, 쿼크, 렙톤 연구를 가능하게 함으로써 우리에게 우주에 대한 이해를 높여 주었다. 또한 물질을 다루는 기술력을 배가해 주었다.

양자역학 100주년을 맞은 현재, 우리는 새로운 양자 기술 혁명의 시대에 들어서고 있다. 양자컴퓨팅, 양자정보통신, 양자화학 영역에서의 기술 발전이 이를 잘 보여 준다. 2025년 노벨 물리학상을 수상한 존 클라크(John Clarke), 미셸 드보레(Michel H. Devoret), 존 마티니스(John M. Martinis)는 거시세계에서 양자터널링을 입증하는 실험을 하는 과정에서 양자컴퓨터 상용화에 결정적인 기술을 개발했다. 이는 조지프슨 접합을 포함한 초전도 회로가 양자컴퓨터 연산단위가 되는 양자비트인 큐비트(qubit)를 생성하는 기반 기술이 됐다. 기존 컴퓨터의 비트 회로를 대신하는 큐비트는 양자중첩 상태에 있을 수 있어 비트 회로보다 정보 처리 용량이 기하급수로 늘어날 수 있다. 기

큐비트를 구현하기 위한 대표적 방식

구현 방식	초전도체	실리콘 스핀	포토닉스(광자)	중성 원자	이온 트랩
고전적 제어	전자 방식	전자 방식	광학 방식	광학 방식	광학 방식
제조 방식	마이크로 제조	마이크로 제조	마이크로 제조	원자 조립	원자 조립
현재 큐비트 수	약 100~1,000개	약 10개	–	약 30~2,000개	약 50개
주요 기업	구글, IBM, 아마존	인텔, 큐테크	자나두, 사이퀀텀	파스칼, 큐에라	아이온큐, 퀀티늄

© AWS, Google, Intel, XANADU, QuEra, IonQ

존 컴퓨터에서는 비트가 n개 있으면 2^n개 중에서 한 개씩 차례대로 계산하지만, 양자컴퓨터는 큐비트가 n개 있으면 2^n개를 한 번에 계산하게 된다. 기존 컴퓨터에서는 연산이 순차적으로 반복적으로 이루어져야 해서 시간이 걸리던 것이 양자컴퓨터에서는 동시에 연산이 이루어지므로 시간이 훨씬 줄어든다. 중첩과 얽힘의 양자 상태를 사용하는 양자컴퓨터는 큐비트를 사용해 기존 비트보다 더 많은 데이터를 저장하고 암호화 시스템을 크게 개선하며 기존 슈퍼컴퓨터조차도 완료하는 데 수천 년이 걸리거나 아예 할 수 없는 매우 진보된 계산을 수행할 수 있다.

양자컴퓨터의 실용화는 바로 이 큐비트를 물리적으로 구현하는 것인데, 최근 다양한 방식으로 기술 개발이 이루어지고 있다. 초전도 큐비트(초전도체 기반) 이외에 포획이온 큐비트(이온 트랩 기반), 양자점 큐비트(실리콘 스핀 기반 또는 반도체 기반), 광자 큐비트(광자 기반)가 개발되고 있다. 상용화의 관건은 양자를 안정적으로 유지하는 효과적인 방법을 얼마나 빨리 찾아

낼 수 있느냐, 큐비트 계산에서 나오는 많은 오류를 어떻게 빨리 해결하느냐는 것이다. 최근에는 위상 큐비트 기술도 시도되고 있다.

앞서 언급했던 양자원격전송 기술과 관련하여 양자통신 분야 기술도 빠르게 진전하고 있다. 양자얽힘을 이용해 원격측정, 암호통신에 이용하고자 하는 양자얽힘 네트워크도 개발되고 있다. 양자통신 네트워크는 양자얽힘 상태의 광자를 이용하므로 도청이 불가능하고 해킹의 위험도 없다는 장점이 있어 현재 통신 네트워크 문제를 해결해 줄 것으로 보고 있다. 양자암호 기술은 양자의 중첩과 얽힘, 복제 불가능 같은 특성을 이용해 해독이 불가능한 암호 체계를 만들 수 있다.

흑체복사 문제를 해결하기 위해 새로운 양자 개념을 창안해 도입함으로써 시작된 양자역학 연구의 긴 여정은 이제 우리 물질 세계를 다시 한번 크게 변혁시킬 수 있는 양자산업 기술혁명기에 도달해 있다. 양자역학이 또 어떤 혁신을 가져올 것인지 관심 있게 지켜보도록 하자.

도시 곤충 대발생

김동건

삼육대 교양교육원 교수이자 환경생태연구소 소장으로, 곤충 생태 및 다양성, 기후변화 매개체 등을 연구하는 생태학자이자 방제 전문가다. 고려대에서 생명과학 박사 학위를 받았고, 질병관리청 기후변화 매개체 감시 거점센터 서울권 센터장을 역임했으며, 기후변화 및 위생해충 방제 연구 기여로 보건복지부장관 표창을 받았다. '동양하루살이, 깔따구 등 도심 해충 대발생 원인 규명 및 생태적 방제 연구'를 비롯한 연구 활동과 함께 tvN '벌거벗은 세계사' 출연, TV 뉴스 인터뷰 등 대중 활동을 활발히 하면서 국민보건 및 환경 분야에 기여하고 있다.

러브버그 같은 곤충, 왜 도시에 대발생할까?

2024년 경기 남양주 덕소삼패공원에 대량 발생한 동양하루살이가 잔뜩 모여들었다.

© 김동건

여름이 다가오면 도시는 예상치 못한 손님들로 술렁인다. 무더위가 가시지 않은 저녁 무렵, 시민들은 강변 산책로나 공원 벤치에서 더위를 식히며, 하루의 피로를 풀고자 한다. 그러나 어느 순간, 가로등 불빛 주위를 가득 메운 수많은 작은 생명체들이 날아다니는 장면을 마주하게 된다. 멀리서 보면 흰 눈발이 흩날리는 듯한 낭만적인 풍경처럼 보이기도 하지만, 가까이 다가서면 그것은 수십만 마리의 곤충들이 불빛에 매혹되어 몰려든 모습임을 깨닫게 된다. 공원 화장실, 아파트 외벽, 버스 정류장의 유리벽, 지하철 출입구까지 온통 덮어 버린 곤충 무리를 마주한 사람들은 당혹감을 넘어 혐오감을 호소한다. 여름밤 프로야구 경기가 곤충 떼의 습격으로 중단되기도 하고,

자동차 전조등에 달려든 곤충들 때문에 운전자가 시야를 잃어 교통사고 위험이 커지기도 한다. 언뜻 보면 영화 속 재난 장면처럼 보이지만, 이는 서울과 수도권 및 큰 강을 마주한 전국의 도심 곳곳에서 매년 반복되는 여름철 통과 의례가 되었다.

이 불청객들의 이름은 동양하루살이, 깔따구, 그리고 최근 언론에서 집중 조명을 받은 러브버그이다. 흥미로운 사실은 이 곤충들이 모기처럼 피를 빨지도 않고, 파리처럼 세균을 옮기지도 않으며, 농작물을 직접 해치지도 않는다는 점이다. 그럼에도 불구하고 수십만 마리가 동시에 나타나는 장면은 시민들에게 압도적인 공포와 불쾌감을 불러일으킨다. 사람들은 본능적으로 작은 곤충의 집단적 움직임에서 위협을 느낀다. 그래서 등장한 용어가 바로 '생활불쾌곤충'이다. 이 표현은 학술적인 개념이 아니라 행정적 필요에서 비롯된 말로, 서울시가 처음 사용했다. 병을 옮기지 않아도 대량 발생 자체로 시민의 생활을 크게 불편하게 만드는 곤충들을 묶어 지칭한 것이다.

✦ 해충과 익충, 인간 중심의 이분법

곤충을 부르는 말들은 다양하다. '해충(害蟲)'과 '익충(益蟲)'이라는 단어가 대표적이다. 전자는 인간에게 피해를 주는 곤충, 후자는 이익을 주는 곤충을 뜻한다. 하지만 이 구분은 언제나 인간의 관점에서 정해진다. 벼를 갉아 먹는 나방은 해충이지만, 숲속에서 낙엽을 분해하며 생태계를 유지시키는 그 친척 종은 익충으로 불린다. 같은 종이라도 농부에게는 해충, 생태학자에게는 유익한 곤충이 될 수 있다.

곤충이라는 존재는 그 자체로 선악의 경계를 넘나든다. 모기는 인류의 가장 오래된 적으로 여겨지지만, 그 유충은 물속의 미세한 유기물을 정화하는 역할을 한다. 파리도 마찬가지다. 더러운 곳을 돌아다닌다고 혐오의 대상이 되지만, 생태계에서는 부패 과정을 담당하는 분해자다. 인간은 이익과 피해를 기준으로 곤충의 가치를 재단해 왔지만, 자연의 관점에서 보면 둘 다 필요불가결한 존재다.

동양하루살이 성충 수컷.
ⓒ 김동건

동양하루살이 성충 암컷.
ⓒ 김동건

최근에는 '환경문제종' '생활불쾌곤충'이라는 새로운 이름들이 등장했다. 이 표현들은 인간이 도시 속에서 느끼는 감정, 즉 '직접적인 피해는 없지만 불쾌하다'라는 심리를 반영한다. 하루살이, 깔따구, 러브버그 같은 곤충이 여기에 속한다. 그들은 도시의 불빛에 이끌려 나타나지만, 질병을 옮기거나 물지 않는다. 그럼에도 사람들은 혐오와 두려움을 느낀다. 어쩌면 '불쾌'라는 감정 자체가 현대 도시인이 자연을 낯설게 느끼게 된 증거일지도 모른다.

이름은 인식의 거울이다. 곤충을 해충이라 부를 때 우리는 그것을 '없애야 할 존재'로 규정한다. 익충이라 부를 때는 '도움이 되는 생물'로 길러야 한다고 생각한다. 그런데 정작 곤충에게 인간의 분류 따위는 아무 의미가 없다. 그들은 그저 주어진 환경 속에서 살아갈 뿐이다.

◆ 생태계의 청소부에서 도시의 골칫거리로

사실 생활불쾌곤충이라 불리는 곤충들은 자연 속에서는 결코 쓸모없는 존재가 아니다. 하루살이 유충은 강바닥 모래와 자갈 틈에 숨어들어 미세한 유기물을 섭취하며, 이 과정에서 물을 정화한다. 하루살이가 많이 발견되는 강은 수질이 양호하다는 생태학적 증거로 사용되기도 한다. 러브버그 유충은 토양 속에서 낙엽과 부패물을 분해해 흙을 비옥하게 만든다. 깔따구 유충 또한 하천과 습지에서 유기물을 분해하며 물질 순환을 돕는다. 즉, 이들은 환경의 청소부로서 생태계의 건강성을 유지하는 중요한 역할을 맡고 있다. 그러나 성충이 되어 인간 생활권과 마주치는 순간, 그 기능은 잊히고 오직 불쾌한 존재로만 인식된다.

　　동양하루살이의 사례는 특히 잘 알려져 있다. 이름만 들으면 하루만 사는 곤충 같지만, 실제로는 성충으로 사흘 정도 살 뿐이고 대부분의 시간은 강 속에서 유충으로 보낸다. 거의 1년 동안 물속에서 강바닥을 청소부처럼 다니며 강을 맑게 하지만, 성충으로 하늘로 날아오르는 순간 문제가 시작된다. 수십만 마리가 동시에 탈피하고 날아오르며, 강한 불빛에 이끌려 다리나 아파트 단지, 상가 건물로 몰려들면서 시민들의 생활과 정면으로 충돌한다.

　　2020년대 초반부터 한강 다리 밑을 가득 메운 하루살이 무리는 여름이면 빠짐없이 뉴스에 등장하게 되었다. 기자들은 다리 난간과 바닥을 청소하는 인부들의 모습을 담으며 하루살이 떼를 '한강의 불청객'이라고 불렀다. 하루살이는 깨끗한 강에서만 산다는 점에서 환경 지표종으로 불리지만, 시민들에게는 청소 부담과 불쾌감을 상징하는 곤충으로 각인되고 만다.

　　러브버그는 더욱 극적인 사례를 보여 준다. 미국 남부 플로리다와 루이지애나에서는 수컷과 암컷이 짝짓기를 한 채 공중을 날아다니는 독특한 습성 때문에 '사랑벌레', 즉 러브버그라는 별명이 붙었다. 특히 1960년대부터 1970년대에 러브버그의 대발생으로 악명 높았다. 당시 신문과 뉴스에서는 "검은 구름처럼 몰려온 러브버그 떼가 도로를 뒤덮었다"는 표현이 반복

●
푸른 잎 위에서 수컷과 암컷이
짝짓기를 하고 있는 러브버그.

됐다.

플로리다대의 곤충학자들에 따르면, 러브버그는 원래 중미와 멕시코 유카탄반도가 원서식지였지만, 20세기 중반 교통망과 온난한 기후 덕분에 미국 남부로 확산됐다고 추정했다. 특히 봄(4~5월)과 가을(8~9월) 두 차례의 비행 시기에 맞춰 도로와 해안가를 뒤덮었다. 당시 차량 전면에 붙은 사체로 운전자가 앞을 보지 못해 사고가 나기도 했고, 산성인 체액이 도장면을 부식시켜 자동차 회사들이 클레임에 시달리기도 했으며, 아이러니하게도 세차장이 이로 인해 호황을 누리기도 했다.

한때 러브버그는 대학에서 유전자 조작으로 만든 곤충으로, 실험실에서 탈출했다는 루머가 돌 정도였다. 그러나 실제로는 자연에 분포하는 종이며, 단지 인간이 만들어 낸 도시 환경이 그 번식에 완벽한 조건을 제공한 것으로 추정되고 있다. 도로변의 잔디와 배수로, 일정한 온도와 습도, 그리고 강렬한 자동차 불빛 등은 러브버그에게는 천국의 환경이었을 것이다. 하지만 2010년대 이후 플로리다 북중부와 루이지애나 일부 지역에서 러브버그의 개체 수는 눈에 띄게 감소했다. 하천과 토양의 변화, 천적 곤충의 증가, 강우 패턴의 변화가 영향을 미친 것으로 분석됐다. 하지만 2025년 9월 루이지애나 서남부에 찰스호수가 있는 지역에서 다시 러브버그가 도심을 덮었다는 보도가 나왔다.

✦ 한국 러브버그의 기원은 일본이 아닌 중국

우리나라와 인접한 일본의 경우 오키나와에서는 비교적 최근인 2017년 전후부터 러브버그의 대량 발생이 본격화됐다. 현지에서는 이것들을 교미충(交尾虫)이라 부르며, 봄과 가을 두 차례 대발생하는 것으로 알려져 있다. 2019년《오키나와타임스》보도에 따르면, 나하시에서 나고시의 숲까지 어디서나 러브버그가 날아다니지만, 아직 생태에 대해 모르는 것이 많다고 했다.

오키나와현 환경연구소에 따르면, 이 곤충은 기존의 열대성 습지 환경뿐 아니라 도심의 인공녹지, 배수로, 가로등 주변에서도 번식한다고 한다. 특히 4~5월과 9~10월, 즉 미국 플로리다의 러브버그 시즌과 거의 같은 시기에 출현한다는 점은 흥미롭다. 이는 단순한 우연이 아니다. 러브버그의 생활사는 기온 24~30℃, 상대습도 70% 이상, 일정량의 강수와 유기물 토양이 유지될 때 최적화된다. 이 조건은 오키나와의 봄과 가을의 환경 조건과 일치한다. 일본에서는 아직 플로리다처럼 대규모 사회 문제로까지 번지지 않았지만, 기온 상승과 도시 조명 확산으로 매년 출현 지역이 확대되고 있는 실정이다. 이미 일본 곤충학회에서는 오키나와 러브버그의 북상 가능성을 주체로 한 발표가 나올 정도이다.

한국에서 러브버그가 처음 발견된 때는 2015년 인천 송도 지역이었다. 이후 2018년에도 인천에서 재발견됐고, 본격적인 대량 발생은 2022년 서울 은평구 봉산지역에서 시작됐다. 2023년 북한산 지역으로 확산해 나가기 시작했으며, 2025년 인천 계양산 일대에서 역대 최대 규모의 대발생이 기록됐다. 산책로와 도로, 등산로가 러브버그로 뒤덮이고, 시민들은 비가 오는 줄 알았다고 표현했다. SNS에서는 러브버그 떼 영상이 연일 올라오며 사

북한산 백운대에서 발견된
러브버그 사체들.
ⓒ 김동건

회적 이슈로 확산됐다.

한국의 러브버그는 미국이나 일본보다 훨씬 빠른 속도로 도심에 자리 잡은 곤충이 됐다. 최근 국내의 러브버그 출현 지역은 경기도 의왕시를 비롯해 서울 노원구 및 경기도 구리시까지 점점 확장되고 있는 추세이다. 특히 도심의 녹지 축을 따라 확산하고 있는 형태를 나타내고 있다. 이러한 이유는 러브버그의 생태적 특성으로 인해, 유기물이 많은 산림과 도심의 불빛에 이끌리는 경향이 반영된 결과일 것이다.

미국과 일본, 그리고 한국 이 세 지역의 러브버그 역사를 비교하면 흥미로운 공통점이 드러난다. 모두 도시화와 기후변화, 그리고 빛 공해(light pollution)라는 세 요소가 결정적인 역할을 한다는 점이다. 미국 플로리다에서는 고속도로의 가로등과 습한 기후가, 일본 오키나와에서는 도시 녹지와 온난한 해풍이, 한국에서는 도심 공원 및 산림과 인공 불빛이 러브버그를 불러

2021년 이후 수도권에서의 러브버그 분포 변화.
© 국립생물자원관 연구용역 「대발생 생물 발생원인 및 관리방안 마련 연구(2024년)」 최종보고서

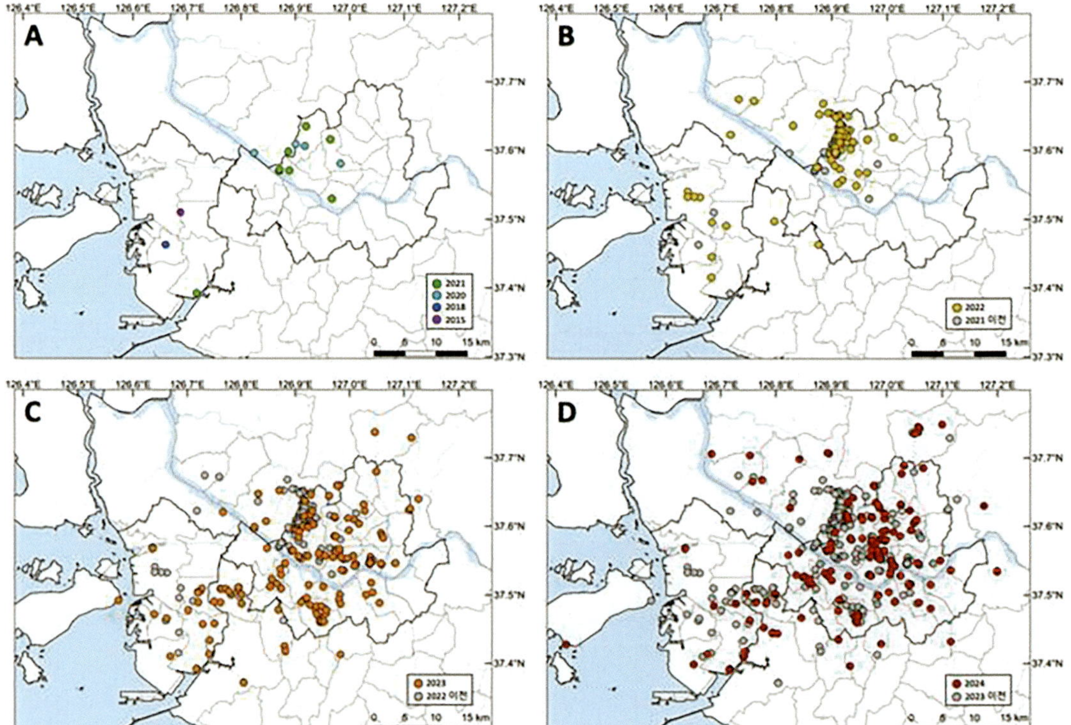

들였다. 결국 러브버그는 인간이 만든 도시 환경의 '생태적 부산물'이자 뛰어난 '적응자'이다.

반면, 각 지역의 현재 상황은 많은 차이를 나타낸다. 플로리다는 이미 대규모 발생이 한 세대를 지나면서 자연 조정단계에 들어섰고, 오키나와는 지속적 확산 초기 단계, 한국은 급격한 확장기에 있다. 이처럼 세 나라는 서로 다른 시간대에 놓인 러브버그의 발생 양상을 통해 도시 생태계의 성숙 단계를 단면적으로 보여 주고 있다.

아이러니하게도 국내에 유입된 러브버그의 유전자 분석 결과, 한국의 러브버그는 일본에서 온 것이 아니고, 중국의 산둥반도에 서식하는 러브버그와 그 유전자형이 일치했다. 다시 말해 최근 중국 산둥반도에서 서식하는 러브버그가 우연한 기회에 인천 송도지역으로 들어와 적응하면서 국내에서 급격하게 개체 수를 늘려 나갔다는 뜻이다.

그렇다면 중국의 산둥반도 지역에서도 러브버그가 대발생할까? 1980년~2000년 사이에 출판된 중국곤충학회지에 실린 문헌에 따르면, 러브버그는 중국에 분포하고 있는 종으로 알려져 있지만, 대량 발생으로 기술된 사례는 없는 것으로 나타났다. 왜 중국 산둥반도에서는 러브버그가 대발생하지 않는 걸까? 이에 대한 답변은 여러 가지가 있을 수 있지만, 가장 유력한 원인으로는 토양 건조도와 도시 불빛 구조가 한국이나 일본처럼 집중되지 않아 도시형 생태 조건이 덜 맞기 때문일 것이다. 또한 중국 남부지역에는 러브버그와 유사한 종들이 다수 분포하며, 이것들과 비슷한 생태적 지위를 차지하고 있어, 단일종이 개체군 폭증을 일으키는 대발생 현상을 생태적으로 제약했을 가능성이 제기되고 있다. 다시 말해, 동일한 기후권이라도 지역 생태망 내의 종 다양성 차이와 도시 구조 및 교란 요인의 차이로 인해 대발생이 억제되는 구조로 판단된다는 의미다.

◆ 대발생의 3대 원인은 도시화, 기후변화, 빛 공해

이처럼 세계 여러 지역에서 반복되는 곤충 대발생은 단순히 자연스러

2025년 서울 은평구에서 발견된 러브버그 유충.
© 김동건

운 계절 현상이 아니다. 그 배경에는 인간 사회가 만들어 낸 도시화, 기후변화, 빛 공해가 복합적으로 작용한다.

먼저 기후변화를 보자. 전 지구적 기온 상승은 곤충의 생활사에 직접적인 영향을 미친다. 평균 기온이 높아지면 곤충의 발육 속도가 빨라지고, 번식 속도가 빨라진다. 여름철이 길어지고 겨울이 짧아지면 곤충의 번식 기회가 늘어난다. 특히 러브버그나 깔따구처럼 특정 온도와 습도 조건에서 폭발적으로 번식하는 곤충은 기후변화에 가장 민감하게 반응한다. 최근 몇 년 사이 한국에서 러브버그 대발생이 두드러지게 늘어난 것도 여름철 고온 다습한 환경이 반복되면서 생육 조건이 최적화된 결과다.

도시화 역시 빼놓을 수 없다. 도시의 확장은 곤충들에게 새로운 서식지를 제공한다. 강변에 들어선 아파트 단지와 상가, 인공 습지와 빗물받이는 곤충들이 산란하고 번식할 수 있는 새로운 공간이 된다. 예를 들어 깔따구는 원래 습지나 하천 주변에서만 대량 발생했지만, 이제는 도시의 정수장에서 쉽게 발견된다. 도시는 곤충에게 새로운 서식지를 끊임없이 공급하는 거대한 생태계다. 문제는 그 공간이 사람의 생활권과 겹친다는 점이다. 인간이 만든 편리한 시설물이 곤충에게는 최적의 서식지가 된다.

도시 불빛 문제도 심각하다. 곤충학에서는 이를 '생태적 덫(ecological trap)'이라고 부른다. 곤충들은 본래 달빛이나 별빛을 기준으로 이동한다. 그러나 도시의 가로등, 네온사인, 대형 전광판은 곤충에게 강력한 인공 신호를 보낸다. 곤충들은 방향 감각을 잃고 빛에 집단적으로 몰려든다. 한강 다리에 설치된 조명이 하루살이를 유인하고, 계양산 일대의 인공 불빛이 러브버그를 모이게 하는 것도 같은 원리다. 도시의 밝은 불빛은 인간에게 안전과 편리함을 제공하지만, 곤충에게는 거대한 함정이 된다.

결국 도시 자체가 곤충을 불러들이는 장치로 작동한다. 여기에 도시 생태계의 단순화도 영향을 미친다. 강 주변의 어류나 조류가 줄어들면 곤충 개체 수를 조절할 천적이 부족해진다. 과거에는 물고기와 새들이 곤충 유충과 성충을 먹으며 개체 수를 억제했지만, 하천 생태계가 단순해진 지금은 이런 조절 메커니즘이 약화됐다. 인간이 만든 환경에서 곤충은 천적의 제약을 덜 받고 번성할 수 있다. 곤충 입장에서는 천국이지만, 인간에게는 큰 불편을 안겨 주는 셈이다.

◆ 사회적 비용 vs 곤충의 관점, 그리고 시민의식

도시 불빛은 곤충들에게 '생태적 덫'으로 작용한다. 사진은 가로등 불빛에 몰려든 동양하루살이 떼.
© 김동건

곤충 대발생이 주는 사회적 비용은 결코 작지 않다. 첫째는 청소 비용이다. 하루살이나 러브버그 사체가 다리와 도로에 쌓이면 청소 인력이 투입돼야 한다. 실제로 서울시는 여름철마다 하루살이 대발생 지역에 수십 명의 인력을 배치해 청소를 진행한다. 이 과정에서 적지 않은 예산이 쓰인다.

둘째는 상권 피해다. 러브버그 대발생 이후 은평구 일부 상권에서는 야간 손님이 줄어 매출이 크게 감소했다. 계양산 주변의 카페와 음식점도 곤충을 피하려는 시민들 때문에 어려움을 겪었다. 셋째는 시민들의 정신적 부담이다. 곤충이 인체에 직접적인 위해를 주지 않아도, 심리적 불쾌감과 스트레스는 삶의 질을 크게 떨어뜨린다. 실제로 보건심리학 연구에서는 혐오감 자체가 스트레스 호르몬 분비를 증가시키고, 이는 건강에도 부정적 영향을 끼친다고 보고한다.

민원 데이터는 이를 잘 보여 준다. 서울시가 공개한 통계에 따르면, 여

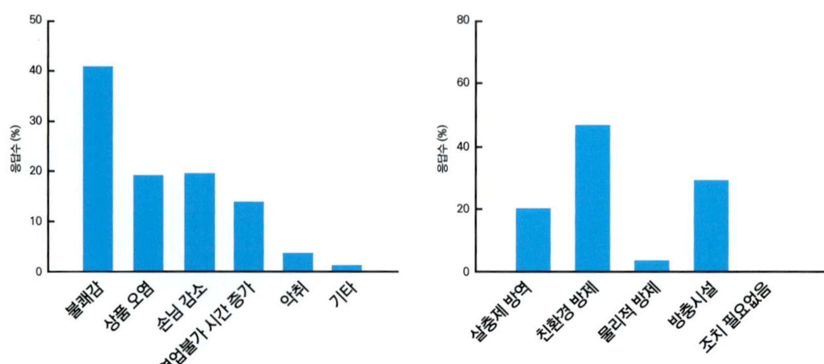

름철 하루살이와 러브버그에 관련된 민원 건수는 수천 건에 달한다. 주민들은 곤충이 무해하다는 설명보다 직접 겪는 불쾌감에 민감하게 반응한다. SNS에는 여름밤 창문에 달라붙은 러브버그 사진, 지하철 입구를 가득 메운 동양하루살이 영상이 끊임없이 올라온다. 이런 장면들은 순식간에 공유되고 확산되며, 곤충에 대한 혐오와 불안감을 사회적으로 증폭시킨다. 곤충은 단순한 자연 현상을 넘어 사회적 현상으로 자리 잡는다.

도시 한복판에서 곤충 대발생이 일어나면 사람들은 즉각적으로 불쾌감을 호소한다. 하지만 곤충의 입장에서 바라보면 상황은 조금 다르다. 그들이 몰려드는 것은 단순한 우연이 아니라 도시가 만들어 낸 환경 조건 때문이다. 예를 들어 동양하루살이가 한강의 수변공원으로 몰려드는 이유는 공원의 인공조명 때문이다. 강 주변에 세워진 가로등은 어두운 수면 위에서 강력한 유인등 역할을 하며, 부화 직후의 성충들이 한꺼번에 모이게 만든다. 러브버그가 계양산 일대에서 대량 발생한 원인도 주변의 인공 불빛과 개발된 녹지 공간이 어우러져 곤충에게 매혹적인 환경을 제공했기 때문이다. 결국 곤충이 몰려드는 것은 인간의 활동이 만들어 낸 도시 생태계의 그림자다. 도시 자체가 곤충을 불러들이는 장치로 작동한 것이다.

언론의 보도 방식은 곤충에 대한 시민 인식에 큰 영향을 미친다. 2020년대 초반 이후 매년 여름, 주요 일간지와 방송사는 한강 공원을 뒤덮은 하루살이 떼를 카메라에 담았다. 화면에는 마스크와 모자를 쓴 채 곤충을 털어내며 지나가는 시민들, 곤충 날개와 몸통으로 뒤덮인 건물 주변을 청소하는

인부들의 모습이 함께 담겼다. 기자들은 강의 수질이 좋아졌다는 증거라는 전문가의 말을 덧붙이는 동시에 주민들은 불쾌감을 호소한다는 양쪽 반응을 전했다. 같은 장면이 어떤 이에게는 환경 회복의 상징이지만, 다른 이에게는 여름밤의 불청객이 된 것이다.

러브버그의 경우는 더욱 직접적인 사회적 파장을 불러일으켰다. 은평구에서 처음 대량 발생했을 때 주민들은 창문에 비닐을 붙이고, 불필요한 외출을 삼갔다. 인터넷 커뮤니티에는 "밤마다 수천 마리 곤충이 방충망에 붙어 잠을 이루기 어렵다"는 글이 잇따랐다. 2025년 계양산 대발생 당시에는 일부 등산객들이 등산로 입구에서 발길을 돌렸다는 보도도 있었다. 곤충은 인체에 위해를 가하지 않았지만, 그 존재만으로 시민의 생활 패턴을 바꾸고 지역 경제에 영향을 준 것이다.

많은 이들이 이 곤충은 무해하다는 사실을 알면서도, 머리카락에 엉겨붙거나 팔에 달라붙는 경험을 참을 수 없다고 말한다. 혐오감은 논리적 설명으로 쉽게 해소되지 않는다. 위생상 무해하다는 사실과 별개로, 시민들이 체감하는 불편은 곧바로 불만과 민원으로 이어진다.

이렇듯 하루살이, 러브버그는 본래 생태계에서는 정화자이자 순환자로서 중요한 존재이지만, 인간이 만든 도시라는 무대에서는 불청객이 된다. 도시의 인공조명, 복원된 하천, 개발된 녹지 공간은 곤충에게 새로운 서식처를 제공한다. 결국 곤충의 대발생은 단순한 자연 현상이 아니라 인간 사회가 조성한 환경의 반영이다. 곤충을 탓하기 전에 우리가 어떤 도시 환경을 만들어 왔는지 되돌아봐야 한다는 목소리가 나오는 이유다.

✦ AI 기반 예보시스템 도입 논의

서울시가 '생활불쾌곤충'이라는 개념을 처음 도입한 것은 단순히 새로운 행정 용어를 만들기 위해서가 아니었다. 기존의 방역 체계로는 설명할 수 없는 곤충 문제가 급증했기 때문이다. 모기나 파리처럼 질병을 옮기는 종은 기존 방제 대상에 포함됐지만 하루살이, 깔따구, 러브버그처럼 직접적인 위해는 없으면서도 시민 생활에 불쾌감을 주는 곤충은 법적·행정적 관리 대상에서 제외돼 있었다. 민원은 폭증하는데, 대응 근거가 모호했다.

서울시는 이에 따라 '생활불쾌곤충 관리 지침'을 마련하고, 환경국과 보건소, 도시정비과 등이 공동으로 대응하는 체계를 구축했다. 그러나 실질적인 방제는 여전히 쉽지 않았다. 곤충의 발생이 지역적·기후적 요인에 따라 달라지고, 물리적 방제만으로는 근본적인 해결이 어렵기 때문이다.

이후 몇몇 지자체에서는 '모기 예보제'를 모델로 한 곤충 예보시스템 도입이 논의됐다. 이는 단순히 방제 계획을 세우기 위한 행정 도구가 아니라 데이터 기반으로 곤충의 발생을 예측하고 시민과 정보를 공유하기 위한 시도였다. 기상 정보, 강우량, 조명 밀도, 수질, 기온 변화 같은 환경 데이터를 종합해 인공지능(AI)이 곤충의 활동 가능성을 분석한다. 시민은 모바일 앱을 통해 '오늘의 곤충 위험도'를 확인하고, 필요할 경우 야외 활동 시간이나 조명을 조절할 수 있다. 실제로 이러한 시스템은 모기 예보제에서 이미 효과를 입증하고 있으며, 러브버그나 하루살이에도 적용 가능성이 높다.

이 기술적 접근은 방제의 효율성을 높일 뿐 아니라 시민 참여형 과학(시티즌 사이언스)으로 확장될 수 있다. 일부 대학과 연구기관에서는 시민이 직접 곤충의 출현 시기나 개체 수를 사진으로 기록해 데이터를 제공하는 시스템을 운영하고 있다. AI는 이 데이터를 학습해 지역별 발생 패턴을 정밀하게 예측한다. 단순히 '출현했다'는 수준을 넘어 '어떤 조건에서 얼마나, 언제 출현할지'를 모델링하는 것이다. 향후에는 빅데이터와 위성 영상, 사물인터넷(IoT) 센서를 결합한 도시 생태 예측망으로 발전할 가능성이 크다.

✦ 생태적 도시 설계, 새로운 균형을 향하여

기술적 대응만큼이나 중요한 것은 도시 설계의 생태적 전환이다. 지금까지의 도시 환경 설계는 인간 중심이었다. 조명은 밝을수록 좋고, 배수 시설은 효율적이면 충분하다고 여겨졌다. 하지만 이러한 구조가 곤충에게는 최적의 번식 환경을 제공해 왔다는 점이 드러났다. 이를 개선하기 위한 실험이 곳곳에서 진행되고 있다.

예를 들어 한강 인근 시장의 조명은 곤충의 유입을 줄이기 위해 특정 파장의 빛을 차단하는 필터가 적용됐다. 공원 설계에서도 단순히 식재를 늘리는 것이 아니라 계절별 곤충 발생 주기를 고려한 식생 구성을 적용하고 있다.

이러한 시도는 '곤충 없는 도시'를 만들기 위한 것이 아니다. 오히려 곤충과 인간이 서로 간섭하지 않는 '공존의 거리'를 확보하기 위한 노력이다. 곤충이 완전히 사라진 도시는 생태적으로 불안정할 수 있다. 문제는 '얼마나 존재하느냐'가 아니라 '어디에서, 어떻게 존재하느냐'다. 도시 생태계는 인간의 삶과 분리된 공간이 아니라 우리가 함께 숨 쉬는 시스템이다. 러브버그의 출현은 도시가 살아 있다는 증거이기도 하다. 다만 그 균형이 무너질 때 불편이 발생한다.

시민의 인식 변화도 중요하다. 지금까지 곤충은 '해충' 혹은 '혐오의

대상'으로만 인식돼 왔다. 그러나 도시 생태계의 일원으로서 곤충의 존재를 이해하려는 시각이 필요하다. 일부 학교에서는 환경 교육의 일환으로 곤충 모니터링 프로그램을 운영하고 있다. 아이들이 직접 현장에서 곤충을 관찰하고 기록하면서 곤충의 역할과 도시 생태의 상호작용을 배우는 것이다. 이러한 경험은 미래 세대의 생태 감수성을 키우는 중요한 기반이 된다. 곤충에 대한 혐오 대신 이해와 호기심이 자리할 때, 도시의 생태적 불균형도 점차 완화될 것이다.

도시와 곤충의 관계는 결국 인간과 자연의 관계를 압축적으로 보여 준다. 산업화의 시대에는 인간이 자연을 정복해야 할 대상으로 여겼다면, 이제는 공존의 시대가 도래했다. 곤충 대발생은 인간이 만든 도시가 생태적으로 얼마나 복잡해졌는지를 보여 주는 경고 신호다. 우리가 불쾌하다고 느끼는 그 현상 속에는 도시 생태계의 구조적 문제가 숨겨져 있다. 조명, 온도, 수질,

녹지, 그리고 인간의 생활 패턴이 맞물린 복합 시스템의 결과다.

결국 필요한 것은 새로운 균형이다. 곤충의 존재를 부정하거나 제거하려는 접근이 아니라 도시 환경을 조정해 서로의 경계를 존중하는 방향으로 나아가야 한다. 도시를 설계할 때 빛의 색, 식생의 구성, 물의 흐름을 생태적으로 고려하고, 시민이 참여해 관찰하고 이해하는 구조가 자리 잡을 때, 비로소 우리는 불쾌가 아닌 공존의 도시를 만들 수 있을 것이다.

러브버그와 동양하루살이, 깔따구는 우리가 싫어하지만, 동시에 우리가 만들어낸 도시의 거울이다. 그것들의 등장은 도시가 얼마나 살아 있는지를 보여 주는 자연의 언어다. 불편과 혐오를 넘어 그 신호를 읽고 대응하는 것은 결국 인간의 몫이다. 도시의 불빛 아래 인간과 곤충이 다시 균형을 찾아가는 과정이야말로 진정한 생태 문명의 출발점일지 모른다.

도시가 확장되고, 자연이 축소되면서 우리는 곤충을 점점 더 '침입자'로 인식하게 됐다. 그러나 그 침입은 사실 인간이 먼저 시작한 것이다. 논밭과 숲, 하천과 습지를 깎아 만든 곳이 바로 우리가 사는 도시다. 곤충의 출현은 자연이 여전히 이 도시에 숨 쉬고 있음을 알려 주는 신호다.

북극항로

김상현

대학에서 기계설계 및 공업디자인을 전공했다. 과학자가 꿈이었으나 능력의 한계를 느껴 그들의 이야기를 알리는 작가가 되자고 마음먹었다. 《동아사이언스》 등에서 과학에 대한 글을 썼고 라디오를 통해서 과학 이야기를 전하고 있다. 현재는 칼럼니스트로 글을 쓰는 것과 동시에 다양한 과학 관련 영상 제작에 참여하고 있다. 유튜브 채널 '울트라고릴라 TV'에서 '위클리사이언스뉴스'를 진행한다. 집필한 책으로 『어린이를 위한 인공지능과 4차 산업혁명 이야기』, 『어린이를 위한 4차 산업혁명 직업 탐험대』, 『지구와 미래를 위협하는 우주 쓰레기 이야기』, 『인공지능, 무엇이 문제일까?』 등이 있다. KAIST 지식재산전략최고위과정에서 최우수 연구상을 받았다.

새로운 바닷길 북극항로, 열릴까?

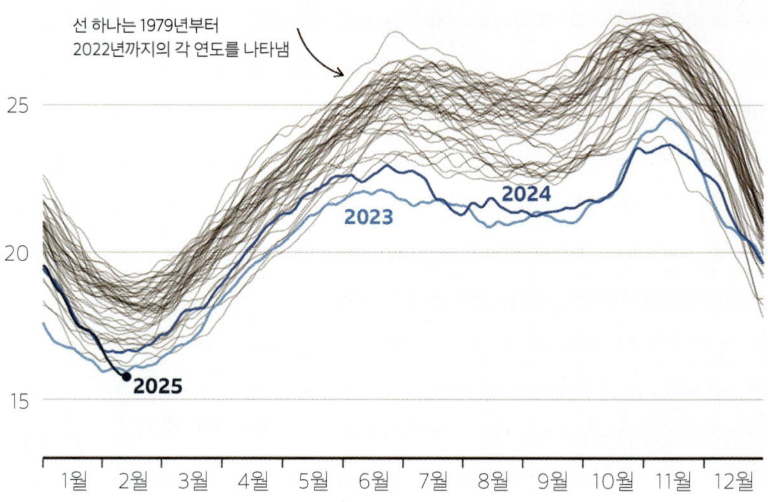

거대한 기후 냉장고 북극이 고장 나고 있다. 세계자연기금(World Wide Fund For Nature, WWF)이 경고하듯 북극은 지구 평균보다 4배나 빠른 속도로 온난화하고 있다. 게다가 냉각 기능을 상실하고 있는 건 당연하다. BBC는 한때 행성을 시원하게 유지해 주던 얼어붙은 극지 바다가 관측 이래 가장 적은 양의 얼음을 남겨 두고 있다고 밝혔다. 실제 미국 국립설빙데이터센터(NSIDC) 등의 자료에 따르면 2025년 2월 전 세계 해빙 면적은 사상 최저치를 기록했다. 유럽환경청(EEA) 역시 1979년 이후 북극에서 여름철마다 평균 7만 3,000km²의 해빙이 사라졌다고 분석했다.

이런 이야기를 들으면 지구가 심각한 환경 위기를 맞고 있는 것은 분명해 보인다. 당연하게도 인류는 북극 빙하를 지키기 위한 다양한 노력을 기울여야 한다. 그런데 이런 위기 속에서 역설적으로 새로운 가능성을 바라보는 측이 있다. 바로 수 세기 동안 두꺼운 얼음에 갇혀 있던 북극해가 아시아와 유럽을 잇는 최단 거리의 바닷길이 될 수 있다는 분석이 나오기 때문이다. '북극항로' 시대가 열리는 셈이다. 이 새로운 항로는 기존 해상 물류 지도를 재편할 것이다. 게다가 북극이 품고 있던 막대한 천연자원에 대한 접근성이 높아졌다. 세계 주요국들이 가만히 있을 리 없다. 서로 북극항로를 차지하기 위해 경쟁을 시작했다. 바야흐로 북극항로가 21세기 지정학의 새로운 중심으로 떠오르고 있다.

대한민국 역시 이 경쟁 구도에 뛰어들려 한다. 이재명 대통령은 "미리 준비하지 않으면 기회를 놓친다"라고 강조하며 북극항로 시대 준비를 줄곧 역설했다. 이 대통령은 야당 대표 시절부터 국회 교섭 단체 대표 연설에서 북극항로가 가진 중요성을 강조했다. 그리고 대통령에 당선되자마자 해양수산부를 부산으로 옮겨 북극항로 개척과 거점 항구 확보 주무 부처로 지정하는 등 빠르게 움직이도록 하고 있다. 북극항로가 열릴 때 우리가 거점 항구를 확보하고 혜택을 얻지 못한다면 이 땅에 수천 년 살아갈 우리 후손들에게 죄를 짓는 일일지도 모른다고까지 언급했다.

그럼, 이제 기회와 도전이 공존한다고 평가하는 북극항로 시대를 자세히 알아보자. 북극항로의 정의와 그 엄청난 잠재력부터 이를 둘러싼 주요국들의 치열한 전략적 경쟁, 그리고 우리가 직면한 현실적인 도전 과제를 확인하고자 한다. 대한민국은 명실공히 해양 강국이자 조선 강국이다. 그런 우리가 이 거대한 변화의 흐름 속에서 어떻게 기회를 포착하고 미래를 준비해야 할지 고민하지 않을 수 없다.

◆ 북극항로는 왜 관심받고 있나?

북극항로(Arctic shipping route)는 이름 그대로 북극해를 통과해서 대서

양과 태평양을 연결하는 해상 교통로를 총칭한다. 이 항로는 크게 두 갈래로 나뉜다. 첫 번째는 러시아 시베리아 연안을 따라가는 북동항로(Northern Sea Route, NSR)이며, 두 번째는 캐나다 북쪽의 군도를 통과하는 북서항로(Northwest Passage, NWP)다. 장기적으로 북극 중앙부의 해빙이 완전히 사라질 경우, 북극점을 가로지르는 북극 중앙 항로(Transpolar Sea Route, TSR) 시대가 열릴 가능성도 제기되고 있다.

이 항로들이 가진 가장 큰 매력은 압도적인 거리 단축 효과에 있다. 대외경제정책연구원(KIEP)의 지도를 보면, 아시아와 유럽을 잇는 기존 항로가 아프리카 남단이나 수에즈 운하를 길게 우회하는 반면 북극항로는 유라시아 대륙의 북단을 거의 직선으로 가로지른다. 한국해양전략연구소(KIMS)의 분석에 따르면, 수에즈 운하를 이용한 대한민국 부산항에서 네덜란드 로테르담항까지의 운항 거리는 약 2만km이다. 반면 북동항로(북쪽)를 이용할 경우 약 1만 5,000km로 짧아진다. 바다 거리가 약 29% 짧아지며 운항 기간이 10일 이상 줄어드는 효과를 가져온다. 이는 운송 시간과 연료비를 획기적으로 절감할 수 있음을 의미한다.

대한민국은 수출입 물량 중 99.7%가 해상 운송을 통해 이루어진다. 안정적이고 효율적인 해상 루트 확보는 국가 물류 시스템 전체 경쟁력을 높이는 핵심 전략이 될 수 있다. 이러한 운송 거리 단축에 대한 달콤함은 우리나라만 느끼고 있는 사안이 아니다. 전 세계 물류 및 해운 업계 모두 같은 이유로 북극항로에 주목한다. 결국 북극항로가 최근 국제 사회의 뜨거운 감자로 떠오른 배경에는 지구온난화라는 과학적 현실과 그로 인해 파생되는 막대한 경제적·전략적 가치가 자리 잡고 있다고 할 수 있다.

북극항로 개방은 '북극 증폭(Arctic amplification)' 현상으로 설명할 수 있다. 이 현상은 북극 지역의 기온 상승 속도가 지구상의 다른 지역보다 훨씬 빠르게 진행하는 현상과 그에 따른 급격한 환경 변화를 의미한다. WWF에 따르면, 해빙이 녹아 어두운 바다가 드러나면 햇빛 반사율이 낮아져 더 많은 열을 흡수하게 되고, 이는 다시 해빙(解氷)을 가속하는 악순환을 일으킨다. 이에 따라 북극은 다른 지역보다 훨씬 빠른 속도로 온난화하고 있다.

유럽환경청(EEA) 등에서 제시한 데이터를 종합하면 그 변화는 더욱 명확해진다. 1979년 여름철 북극 해빙의 최소 면적은 약 700만km²였으나 2024년 438만km²까지 감소했다. 매년 평균 7만 1,000km²씩 감소한 셈이다. 10년 단위로는 거의 12.4%의 감소율이다. 해빙이 점점 얇고 젊어지고 있는 현상도 나타난다. 1980년대 중반 전체의 약 3분의 1을 차지했던, 4년 이상 된 두꺼운 다년생 얼음의 비중이 2011년 이후 약 5% 수준으로 급감했다.

이러한 추세는 더욱 심화할 전망이다. 기후변화에 관한 정부 간 협의체(IPCC)는 현재의 배출 시나리오가 유지될 때 2050년 이전에 북극에서 '얼음 없는 여름'이 현실화될 가능성이 매우 높다고 예측했다. 최근 연구(2023년)는 2030년대에 첫 '얼음 없는' 여름이 나타날 가능성이 높다고 평가한 내용도 있다.

해빙 감소는 해저 동토층 붕괴로 인한 메탄가스 방출이라는 문제까지 일으킨다. 실제 캐나다 보퍼트해 등 일부 지역에서는 해저 동토층이 점차 무너지면서 대량의 메탄가스가 방출되는 것으로 알려져 있다. 메탄가스는 이산화탄소보다 온실효과가 수십 배 강력하다. 그러므로 이 현상은 북극 지역

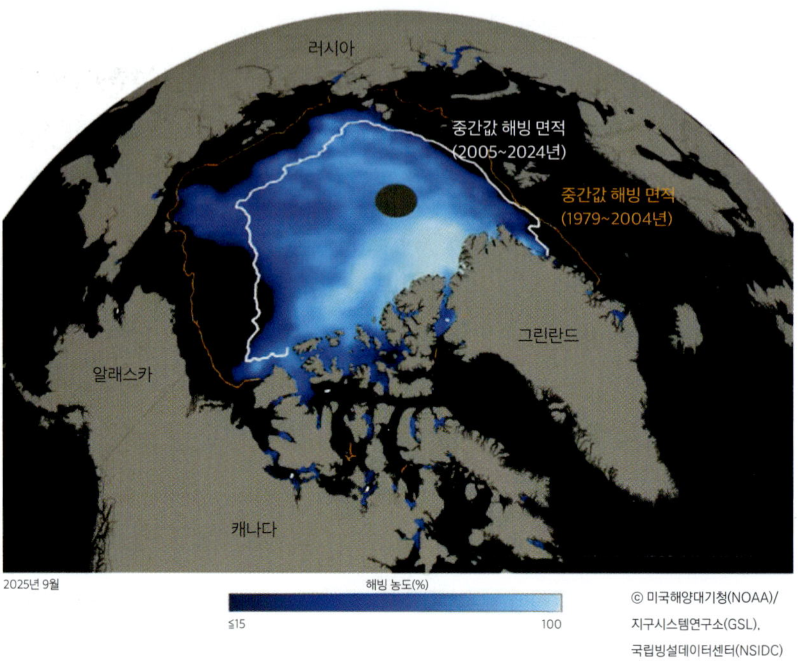

기후변화와 파급력을 파악하는 데 매우 중요한 단서가 된다.

어찌 됐든 지구온난화로 해빙이 감소하며 북극항로가 열리고 있다. 북극항로 가치는 단순히 물류비를 절감하는 데 그치지 않는다. 경제적 효과와 더불어 전략적 가치로도 부상하고 있다.

우리는 2021년 약 400m 길이의 초대형 컨테이너선 에버기븐(Ever Given)호가 수에즈 운하를 막아 전 세계 물류망을 마비시켰던 사건을 기억하고 있다. 에버기븐호가 운하를 막은 후 뒤따르던 400여 척의 선박들이 발이 묶였다. 당시 하루 10조 원 넘는 손실이 발생한 운송 차질이 6일 동안 계속했다. 이 사건은 기존 핵심 해상 교통로가 얼마나 취약한지를 명확히 보여주는 사례였다. 북극항로는 이러한 지정학적 병목 현상에 대한 유력한 전략적 대안으로서 그 가치가 재평가되고 있다.

거기다 북극이 가지고 있는 막대한 에너지 자원(LNG, 석유, 희토류 등) 개발 및 수송 경제성 상승도 북극항로에 눈을 돌리게 만든다. KIEP의 분석에 따르면, 북극해 연안에는 아직 개발되지 않은 막대한 양의 천연자원이 매장되어 있다. 미국지질조사국(USGS)에 따르면, 세계 미발견 석유의 약 13%와 천연가스 30%, 그리고 희토류 같은 핵심 광물들이 매장되어 있을 것으로 추정한다. 북극 지역은 러시아 전체 천연가스(LNG) 매장량 75%와 생산량 83%를 차지한다. 원유 매장량도 적지 않은데, 러시아 전체 원유 및 콘덴세이트(천연가스에서 나오는 휘발성 액체탄화수소로 지상으로 끌어올리면 액체가 되는 초경질유) 매장량의 20%, 생산량 17%를 차지한다. 또 관심을 가지는 자원이 바로 희토류인데, 북극에는 러시아 전체 희토류 매장량의 76%와 생산량 100%가 있다. 이 외에도 니켈, 철광석, 우라늄, 다이아몬드 등 광물 자원이 풍부하게 매장돼 있다. 얼마나 더 많은 자원이 북극 지역에 남아 있을지 아직 정확한 규모도 파악하지 못하고 있는 상태다. 말 그대로 북극은 세계에서 마지막으로 남은 전략자원의 보고라고 할 수 있는 지역이다.

지금까지는 두꺼운 얼음과 혹독한 환경 때문에 접근할 수 없었지만, 항로가 열리면서 이 자원들에 대한 접근성이 획기적으로 개선되고 있다. 이는 자원 부족 국가들에 새로운 공급망 확보의 기회를 제공하며, 북극을 둘러싼 자원 개발 경쟁의 서막을 알리고 있다.

◆ 세계는 북극으로… 주요국 동향과 전략

이렇게 북극항로가 부상하면서 필연적으로 이를 둘러싼 지정학적 경쟁이 심화하고 있다. 주요국들은 저마다 전략을 가지고 북극에서 영향력 확대를 위해 치열하게 움직이고 있다. 대표적인 나라로 러시아, 미국, 중국, 일본 등을 꼽을 수 있다.

러시아는 명실상부한 북극의 지배자라고 할 수 있다. KIEP 자료에 따르면 러시아는 북극해 전체 해안선의 53%를 차지하고 있는 기득권자다. 2022년 기준 57척에 달하는 세계 최대 규모의 쇄빙 선단을 보유하고 있다. 이렇게 압도적인 지리적, 물리적 우위를 바탕으로 북극항로를 국가 재도약의 핵심축으로 삼아 개발을 가속화하고 있다. 2022년 8월엔 '북극항로 개

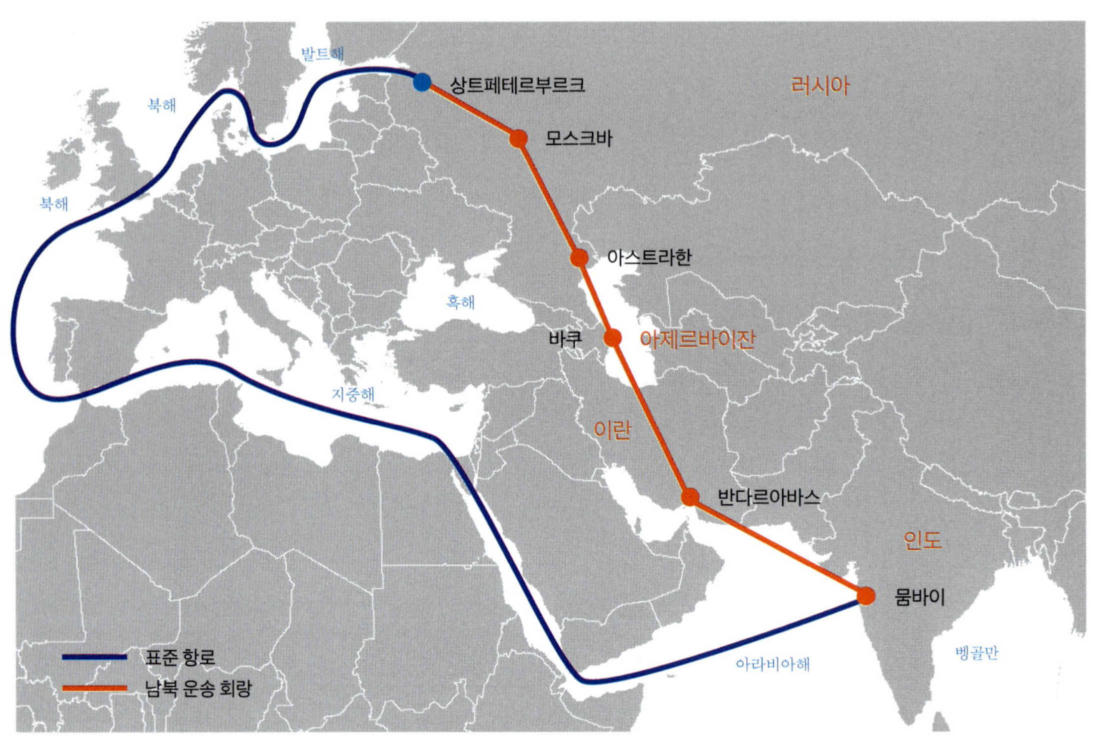

러시아의 경우 북극항로가 시베리아횡단철도(TSR)와 이란을 거쳐 러시아 상트페테르부르크에서 인도 뭄바이를 잇는 복합 운송망인 국제남북운송회랑(INSTC)을 연계하는 '북극횡단 복합운송회랑'의 핵심축이 될 것으로 전망된다.

발계획 2035'를 채택했고 인프라 개발, 천연자원 매핑, 신규 인공위성 및 기상장비 발사처럼 광범위한 분야에 걸친 야심 찬 프로젝트에 착수했다. 푸틴 대통령은 북극항로가 시베리아횡단철도(TSR)와 이란을 거쳐 러시아 상트페테르부르크에서 인도 뭄바이를 잇는 복합 운송망인 국제남북운송회랑(INSTC)을 연계하는 '북극횡단 복합운송회랑'의 핵심축이 될 것임을 강조하며, 이를 통해 유라시아 대륙 물류망의 중심축이 되겠다는 야심 찬 비전을 제시한 바 있다. 이에 따라 국영 원전기업 로사톰(RosAtom) 산하에 '북극항로 관리국'을 신설하고, 국내법을 통해 항로 통항 규칙을 강화하는 등 북극항로에 대한 실질적인 통제력과 주권을 강화하는 데 총력을 기울이고 있다.

또한 러시아는 북극항로 연중 운항의 안전 보장을 위해 핵 추진 쇄빙선 등 선박 확보에 집중하고 있다. 자체 건조 역량만으로는 필요한 화물선과 구조선 확보가 어렵다고 판단해 해외 조선사와 협력을 모색하고 있다. 조선업 현대화도 지시했다. 아울러 우크라이나 침공으로 인한 서방 경제제재에 대응해서 북극 협력 형태를 기존 북극권 중심 다자 협력에서 외국과 양자 관계 및 비(非)북극권 국가들과 상호 이익이 되는 북극 협력 추진으로 전환하고 있다. 러시아는 북극항로를 자국 관리 구역으로 규정하고 법과 제도를 직접 만들어 운영하고 있다. 2022년 법 개정을 통해 외국 선박이 NSR에 걸쳐 있는 자국 내수(internal water)를 항해하는 경우 러시아 허가를 받도록 명시했다.

　　미국은 당연하게도 러시아 독주를 견제하며 새로운 경쟁 구도를 형성하고 있다. KIEP와 KIMS 보고서에 따르면 미국은 러시아와 중국의 영향력 확대를 견제하고 국제법상 '항행의 자유' 원칙을 수호한다는 명분 아래 북극에 대한 전략적 관여를 늘리고 있다. 알래스카를 통해 북극 연안국으로서 지위를 가지고 있는 미국은 군사적, 외교적 활동으로 북극에서 존재감을 강화하고 있다. 트럼프 대통령은 재집권을 계기로 그린란드 인수 의사를 거듭 밝히고 있다. 이를 공식 정책으로 현실화하려는 움직임마저 보인다. 또

미국 해안경비대 쇄빙선 힐리(USCG Healy, WAGB-20)가 2012년 1월 6일 알래스카 놈(Nome)에서 남쪽으로 약 250마일 떨어진 해역에서 러시아 유조선 렌다(Renda) 주변의 얼음을 깨고 있다.
ⓒ 미 국방부(DoD)

한 러시아의 NSR 통항 제한 주장에 반대하며 '항행의 자유 작전(Freedom of Navigation Operation, FONOP)' 전개를 고려하고 있다.

다만 미국은 러시아와 관련 인프라 격차가 극명한 것이 약점이다. 50척이 넘는 쇄빙선을 운영하는 러시아에 비해서 미국은 중·대형 쇄빙선 '폴라 스타(Polar Star)', 중형 쇄빙선 '힐리(Healy)', 해안경비대(USCG)의 최신 쇄빙선 '스토리스(Storis)' 등 3척으로 공백을 메우고 있다. 극지방 작전용 특수 대형 함정 프로그램인 '폴라 시큐리티 커터(Polar Security Cutter)' 계획을 내놓았으나 예산 초과와 일정 지연으로 계속 미뤄지고 있어, 첫 선박이 바다에 나오려면 2030년쯤이나 가능할 것이라는 전망이 많다.

오히려 북극 연안국이 아닌 중국이 움직이는 모습이 더욱 흥미롭다. 중국은 자신을 '근(近) 북극 국가'로 칭하며 북극 거버넌스에 적극적으로 참여하고 있다. 예를 들어 '북극 해상 실크로드(Polar Silk Road)'를 일대일로 제시하며 북극항로를 통한 경제적 실익 확보에 나서고 있다. 이미 2018년 '북극 정책'을 발표하며 쇄빙선과 전용 화물선을 투입해 운송로 개척을 추진하고 있다.

일본도 적극적으로 움직이고 있다. 중국처럼 북극과 직접 접해 있지 않지만, 자원 안보 및 경제적 이익 확보에 초점을 맞추고 준비 중이다. 일본은 2023년에 발표한 제4차 해양 기본 계획에 북극항로를 국가 전략으로 포함했다. 연구, 국제 협력, 친환경 기술 투자 등에 관련해 장기적 그림을 그리고 있는 모습이다. 일본은 항만을 새로 짓기보다는 러시아 에너지 프로젝트 지분을 확보하는 방식을 택했다. 러시아가 추진하는 대규모 북극 LNG 개발사업 'Arctic LNG2 프로젝트'의 지분 10%와 러시아 사할린섬에서 진행하는 석유 및 가스 개발사업인 '사할린-2 프로젝트'의 지분 12.5%를 확보했다. 이렇듯 일본은 자원 안보와 경제적 이익을 동시에 챙기고 있다는 평가를 받고 있다.

북극을 둘러싼 전략적 계산은 강대국들에만 국한되지 않는다. 다수 유럽 국가와 인도를 포함한 여러 국가가 북극항로 잠재력에 주목한다. 저마다 이해관계를 주장하면서 북극을 지역적 이슈에서 전 지구적 지정학의 중심으로 확대하고 있다.

◆ 우리는 북극항로 시대를 어떻게 준비해야 하나?

동북아의 지리적 요충지에 있는 해양 국가 대한민국에 북극항로 시대의 개막은 위기이자 기회다. 그러므로 새로운 해양 경제 영토를 개척하기 위해 체계적이고 선제적인 전략을 마련하는 것이 시급하다는 의견이 중론이다.

KIEP의 분석처럼 북극항로는 대한민국에 단순한 해상 운송로 이상의 의미가 있다. 우리는 아시아 대륙과 태평양을 잇는 반도 국가다. 북극항로를 통해 해상과 육상을 연결하는 복합운송체계가 활성화될 경우 한국은 지리적으로 중심축 역할을 할 수 있는 유리한 위치에 있다. 이는 물류 허브로서 위상을 강화하고 해양 경제 영토를 실질적으로 확장하는 결정적 기회가 될 것이다.

정부 차원에서도 이 부분을 강조하고 있다. 이재명 대통령은 "북극항로 시대 준비는 국가 성장 전략이 걸린 중대 선택"이라고 간주했다. 이를 위

한국의 쇄빙 연구선인 아라온호.
ⓒ 극지연구소

해 북극항로 개척과 거점 확보를 위한 '첫 단추'이자 '국가 성장 전략적 선택'으로 해양수산부의 부산 이전을 추진하고 있다. 이 공약을 '북극성 프로젝트'라는 이름으로 설계했다. 이와 관련해 전재수 전 해양수산부 장관은 "북극항로 시대가 열릴 때를 대비해 전담 조직을 꾸려 2026년부터 시범 운항에 나서겠다"라고 밝혔다.

2016년 이후 중단됐던 북극항로 시범 운항은 2026년부터 재개할 예정이다. 시범 운항 선사에 대한 예산 지원도 계획하고 있다. 대통령 직속 북극항로 위원회 신설을 담은 법안을 여야가 앞다퉈 발의하고 있다. 2025년 9월 현재 북극항로 특별 입법안은 여야 모두에서 5건이나 발의됐다.

이 기회를 현실화할 가장 강력한 무기는 단연 세계 최고 수준의 조선 산업 경쟁력이다. 과거 2014년부터 2020년 사이 국내 조선사들이 러시아로부터 총 45척에 달하는 고부가가치의 쇄빙 LNG 운반선과 쇄빙유조선을 수주했던 사례는 우리의 잠재력을 명확히 보여 준다. 한국은 쇄빙 LNG 선

박 설계 및 시공 능력을 인정받는 몇 안 되는 국가 중 하나다.

국내 유일 쇄빙 연구선인 '아라온호'는 북극항로 운영을 위한 해저 지형 및 기상 데이터 등 기초 자료를 확보하기 위해 여러 차례에 걸쳐 북극 주요 해역을 항해해 왔다. 해수부와 극지연구소는 아라온호를 이을 차세대 쇄빙연구선 건조 프로젝트를 추진하고 있다. 한화오션이 2025년 7월 1일 우선 협상 대상자로 선정됐다. 차세대 쇄빙선이 도입되면 연구 가능 기간이 현재보다 최소 2~3배 이상 늘어날 것으로 전망한다.

거점 항만 및 산업 클러스터와 관련해서도 주목해 볼 만하다. 부산항은 이미 환적 화물 처리 세계 2위, 컨테이너 처리 세계 7위이다. 세계 280개 항만과 연결되어 국내 컨테이너 물량 70% 이상을 처리하는 아시아 물류 허브다. 북극항로가 개통되면 부산항은 자연스레 동쪽 관문이 될 지리적 이점을 갖고 있다. 이에 더해 해수부는 2만 4,000TEU(Twenty-foot Equivalent Unit, 20피트(약 6.1m) 길이 컨테이너 1개 크기 단위)를 넘어 3만 TEU 컨테이너선까지 접안할 수 있는 부산항 진해신항 개발을 진행하고 있다. 2026년 예산에 4,622억 원을 투입할 예정이다. 또한 부산, 울산, 경남 지역은 조선, 철강, 기계, 자동차, 석유 화학 등 주요 제조업이 집적된 해양산업 벨트를 형성하고 있어, 국내 산업 연관성과 기여도가 매우 높다는 것은 자명하다.

✦ 우리가 넘어야 할 도전 과제들

기회를 현실로 만들기 위해서는 넘어야 할 과제 또한 명확하다. 우리가 북극항로 시대에 '종합 거점'으로 도약하려면 국내외적으로 산적한 과제들을 해결해야 한다. 먼저 전략적 외교 및 자원 확보에 신경 써야 한다는 의견이 많다. 김기태 영산대 북극물류연구소 교수는 우크라이나 전쟁 종식 이후를 대비해서 한·러 협력관계 복원이 급선무라고 강조했다. 김 교수는 러시아 북극 개발 가속화와 제재 해제 시기에 맞춰 조선업 협력 활성화 방안을 체계적으로 준비해야 하는데 러·북 밀착, 러·중 북극 협력 강화, 미국 알래스카 LNG 개발사업 참여 요청 등을 포함한 지정학적 도전에 대비할 필요가 있다는 조언도 했다. 이에 전재수 전 장관은 "중국 팽창을 견제하는 국제 역학 관계가 부산에 유리할 수 있다는 점을 활용해야 한다"라고 강조했다.

북극항로를 둘러싼 규범과 질서는 국제해사기구(IMO), 북극이사회 (Arctic Council) 등 다자 협의체를 통해 형성되고 있다. 이들 국제 거버넌스에 적극적으로 참여해 우리 목소리를 내고 규제 형성 과정에서 국익을 반영하는 노력도 필요하다. 결국 러시아, 미국, 중국 등 주요국들이 얽힌 복잡한 지정학적 구도 속에서 유연하고 선제적인 외교를 통해 협력 공간을 넓히고 잠재적 리스크를 관리하는 전략적 지혜가 필요하다.

김기태 교수는 해운·항만 인프라 및 산업 클러스터를 구축하기 위해서도 노력해야 한다고 밝혔다. 김 교수는 정부에 진해신항을 포함한 부산항 신항을 북극항로 거점 항만으로 키워야 한다고 충고했다. 그는 삼성중공업, 한화오션 등 경남 지역 조선업체가 극지 특화 선박 건조 역량을 강화하고, 북극항로에 특화된 선박 기자재 공급·수리 조선이 가능한 해양산업 클러스터를 경남에 조성해야 한다는 의견도 냈다.

우리나라가 북극항로에서 부각을 드러낼 수 있으려면 과학적, 기술적으로 해결해야 할 과제들이 많다. 북극의 예측 불가능한 자연환경은 안전 운항의 가장 큰 위협이다. 유빙 이동 경로, 해빙 두께 변화, 기상 이변 등에 관

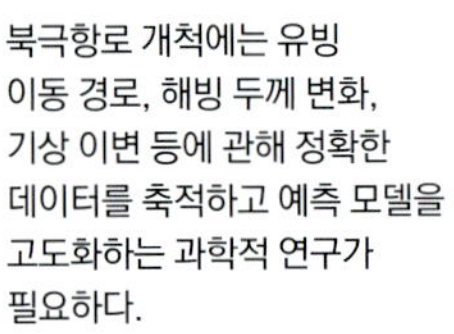

북극항로 개척에는 유빙 이동 경로, 해빙 두께 변화, 기상 이변 등에 관해 정확한 데이터를 축적하고 예측 모델을 고도화하는 과학적 연구가 필요하다.
© Pxhere

해 정확한 데이터를 축적하고 예측 모델을 고도화하는 과학적 연구가 선행돼야 함은 물론이다. 특히 북서항로(NWP)와 같이 북극 중심에서 녹은 두껍고 오래된 해빙이 남쪽으로 유입되어 운항 가능 기간이 줄어드는 식으로 선박에 치명적인 위협이 갈 수 있는 새로운 요소가 발생하고 있다. 따라서 북극 운항을 위해서는 극지 기후 및 해상 안전 정보에 관한 정책 교류와 지속적인 연구가 필요하다.

현재 북극항로, 특히 북동항로의 운항은 러시아의 쇄빙선 지원에 크게 의존하고 있다. 이는 경제적 비용 부담일 뿐만 아니라 특정 국가에 대한 기술적·전략적 종속을 의미한다. 따라서 독자적인 운항 능력과 안전을 확보하기 위해서는 우리 기술로 만든 쇄빙선 건조 기술을 고도화하고, 필요시 자체 쇄빙 선단을 확보하는 것이 무엇보다 시급한 과제다. 이는 단순한 선박 건조를 넘어 미래 해양 주권을 확보하는 핵심 전략이 될 수 있다.

✦ 장밋빛 전망을 가로막는 현실적인 난관들

지금까지 내용만으로 북극항로에는 장밋빛 전망만 가득한 것으로 생각할 수 있다. 하지만 이면에는 상업적 운항을 가로막는 수많은 현실적인 난관이 분명 존재한다. 경제성, 자연환경, 지정학적 리스크 등 다층적인 도전 과제들을 극복해야만 우리에게 북극항로가 진정한 '새로운 바닷길'로 자리 매김할 수 있다.

항로 단축이 곧바로 경제적 이익으로 연결되지는 않는다는 주장도 존재한다. 운항 비용이 높게 책정돼 상업적 이용에 큰 걸림돌이 될 것이라는 분석을 쉽게 찾을 수 있다. KIMS와 '해운물류연구' 자료에 따르면, 운항 비용을 높이는 여러 경제적 장벽이 있음을 확인할 수 있다. IMO의 극지 해역 운항 선박에 대한 국제적 강제 규정인 '극지 코드(Polar Code)'를 충족하는 특수 내빙·쇄빙 선박의 비싼 건조 비용도 문제가 될 수 있다. 예측 불가능한 위험 요소로 인해 기존 항로보다 훨씬 비싼 보험료도 충분히 부담될 수 있다.

현재 얼음이 많은 구간을 통과하기 위해서는 러시아가 운영하는 쇄빙선의 에스코트를 받아야 한다. 이에 대해 상당한 비용을 지급해야 함은 당연하다. 현재 북극항로의 운항 가능 기간은 7월에서 11월까지 5개월 정도다. 얼음이 없어 항해가 가능한 기간이 여전히 길지 않다. 운항 시즌 중에도 특정 구간에는 해빙 위험이 상시 존재한다는 것도 경제적 이익에 걸림돌이 될 수 있다. 이러한 추가 비용들은 거리 단축으로 인한 연료비 절감 효과를 상당 부분 상쇄하기에 충분하다. 한국해운물류학회는 특수 쇄빙선을 투입한 북극항로의 TEU당 운송 비용은 약 1,126달러지만, 기존 수에즈 운하를 이용한 항로의 비용은 약 930달러로 나타나 북극항로가 17% 정도 더 비싼 것으로 추정했다.

기후변화는 항로를 열어 주었지만, 동시에 새로운 예측 불가능한 위험을 낳고 있다. 《서울신문》 기사에 따르면 역설적으로 온난화가 북극항로의

아래쪽 그림은 해수 비말 결빙(spray icing) 현상이 선박에 어떻게 발생하는지를 시각적으로 보여 주고, 위쪽 그래프는 예보 시점이 멀어질수록 해수 비말 결빙의 심각도 기준에 대한 예측 불확실성이 어떻게 증가하는지를 나타낸다.
© PCAPS/Frida Cnossen

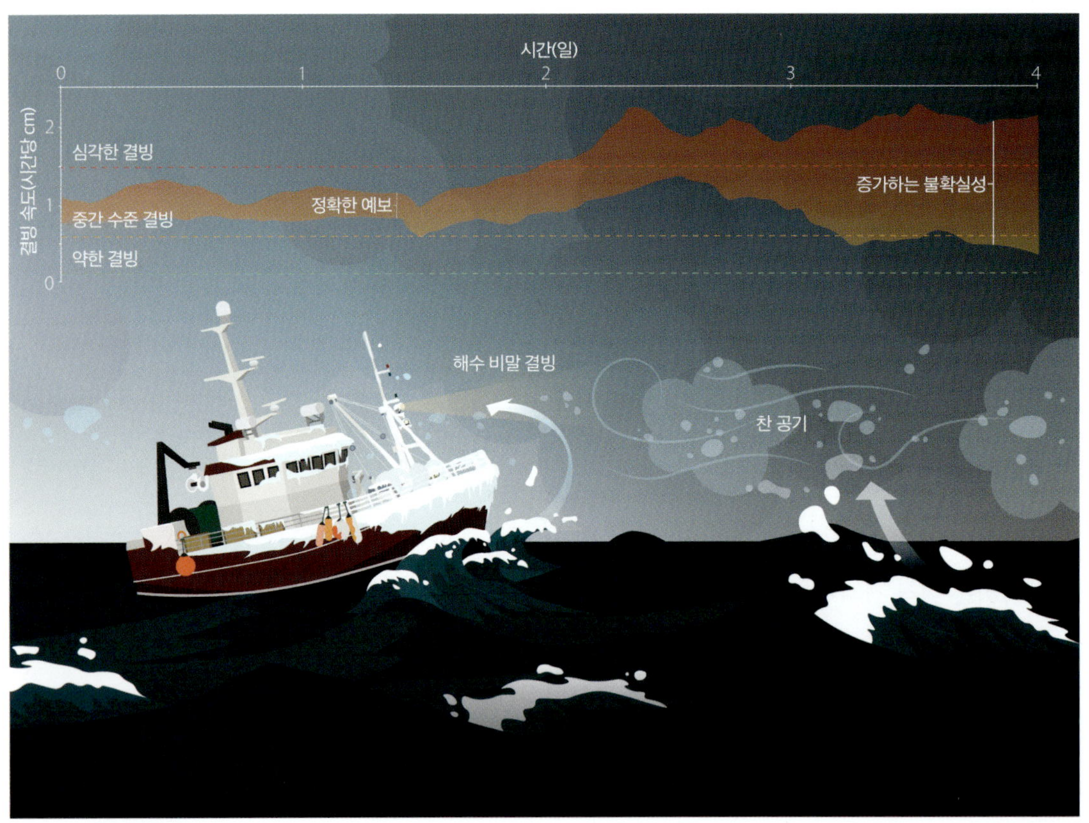

안정성을 해치는 현상이 나타나고 있다. 북극 중앙부에 갇혀 있던, 수십 년 된 두껍고 단단한 다년생 얼음(multi-year ice)이 녹으면서 거대한 빙산처럼 남하해 오히려 캐나다 북서항로(NWP)의 일부 주요 해협을 막아 버리는 일이 발생하고 있다. 1년생 얼음과 달리 선체에 치명적인 위협이 되는 다년생 얼음 때문에 특정 구간의 운항 가능 기간이 오히려 단축된다는 뜻이다.

또한 《네이처》의 자매 저널인 《npj 오션 서스테이너빌리티(Ocean Sustainability)》에 발표된 연구에서는 극지 코드가 충분히 다루지 못하는 또 다른 위험을 지적한다. 바로 '해수 비말 결빙(sea-spray icing)' 현상이다. 차가운 바닷물이 강풍에 의해 배 위로 튀어 오르면서 순식간에 얼어붙어 선박의 무게중심을 높이고 전복 위험을 키우는 현상이다. 북극해의 혹독한 자연환경이 제기하는 또 다른 심각한 위협이 될 만하다.

지정학적 위험도 쉽게 넘길 수 없는 과제다. 북극항로의 안정성은 국제 정세에 크게 좌우한다. KIMS의 분석에 따르면, 2022년 우크라이나 전쟁 발발 이후 서방 세계가 러시아에 대한 강력한 경제 제재를 가하면서 러시아가 통제하는 북동항로 국제 통항량은 급감했다. 이는 북극항로가 언제든 지정학적 갈등의 지뢰를 품고 있다는 것을 보여 주는 명백한 사례다. 북극과 맞닿아 있지 않은 한국, 중국, 일본 등도 북극항로에 관심을 가지면서 향후 북극해를 둘러싼 시장 경쟁이 심화될 전망이고, 이 과정에서 이미 선점한 국가들이 다양한 장벽을 쳐 시장 진입을 어렵게 만들 가능성도 있다.

여기에 더해서 강화하는 환경 규제 역시 운항의 복잡성과 비용을 증가시키는 요인이다. 해양과학 분야의 국제 저널 《프론티어 인 마린 사이언스(Frontiers in Marine Science)》에 발표된 자료에 따르면, IMO는 극지 코드 외에도 선박 연료로 중유(HFO) 사용을 금지하고 블랙카본(black carbon) 배출을 규제하는 등 환경 보호 기준을 계속 높여 가고 있다. 이러한 규제들은 북극의 민감한 생태계를 보호하기 위해 필수적이다. 하지만 더 비싼 연료를 사용하고 새로운 기술을 도입해야 하는 것은 선박 회사로서는 부담으로 작용할 수밖에 없다.

✦ 북극항로라는 미지의 바다를 향한 항해

북극해와 발트해에서 벌어지고 있는 해빙 감소는 피할 수 없는 현실이다. 이는 전례 없는 환경적 위협이다. 그럼에도 북극항로가 기후 위기라는 인류 최대 자책이 역설적으로 열어 준 새로운 기회의 '바다'라는 것 역시 분명하다. 그러나 그 바다는 절대 순탄하지 않다. 예측 불가능한 자연환경, 만만치 않은 경제적 장벽, 그리고 첨예한 지정학적 갈등이라는 '거친 파도'가 끊임없이 몰아칠 것이다.

이러한 양면성을 직시하고 새로운 시대를 항해하기 위해 명확한 나침반을 가져야 한다. 세계 최고 수준의 조선업 경쟁력을 지렛대로 삼아 극지 특수 선박 시장을 선도하고, 극지 과학기술에 대한 과감한 투자로 기술 주권을 확보해야 한다. 능동적이고 다각적인 외교를 통해 국제 사회에서 우리의

북극항로라는 새로운 기회를 제대로 활용하려면, 철저한 준비가 필요하다. 사진은 얼음으로 뒤덮인 북극 바다를 항해하는 선박의 모습.

입지를 다지는 것이 핵심 전략이 돼야 함은 물론이다.

　　인류는 북극항로라는 미지의 바다를 향한 항해를 이제 막 시작했다. 녹아내리는 얼음이 열어 준 이 길은 단순한 해상 경로가 아니다. 지구적 위기 속에서 어떻게 미래를 개척할 것인지에 대한 근본적인 질문이라고 생각해야 한다. 이 항해는 단기적 이익 추구를 넘어 인류 공동 번영과 지속 가능한 미래로 이어져야 한다. 그러기 위해서는 새로운 바다뿐만 아니라 새로운 시대 역시 책임감 있게 항해할 수 있는 지혜롭고 신중한 접근이 절실하다.

7

ISSUE 7 천문우주

적외선 우주망원경 스피어엑스

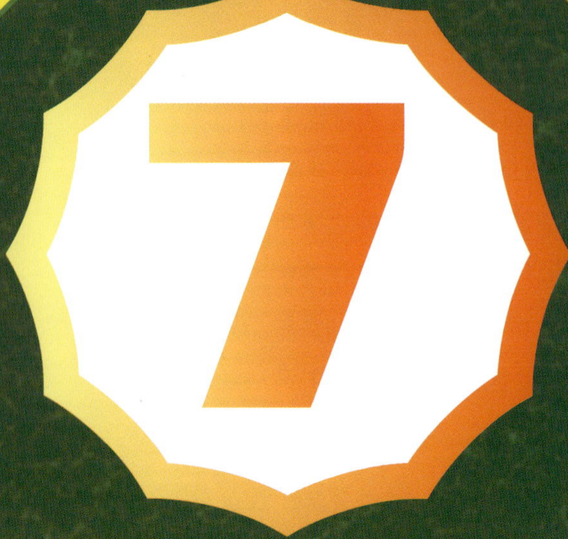

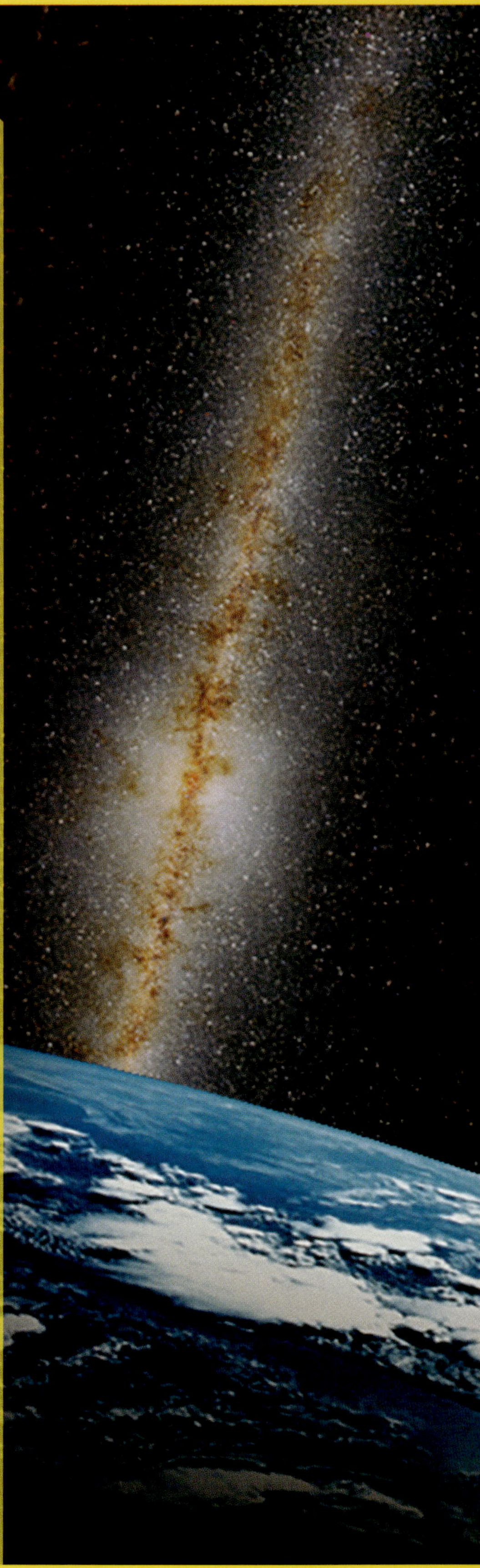

정웅섭

서울대 천문학과를 졸업하고 동 대학원에서 천문학 석사와 박사 학위를 받은 뒤 한국천문연구원에 들어갔다. 그동안 적외선 우주관측기기 개발, 관측 우주론 및 적외선 우주배경복사 연구에 힘써 왔다. 박사 학위 과정을 밟을 때 일본 적외선 우주망원경 미션인 아카리(AKARI) 프로젝트에 참여했고, 한국천문연구원에서 국내 주도의 소형 적외선 우주망원경인 '다목적 적외선 영상관측시스템(MIRIS)' 제작에 참여했으며, 차세대 소형위성 1호에 탑재된 광시야 적외선 우주망원경 '근적외선 영상분광기(NISS)'를 개발했다. 현재 한국천문연구원 책임연구원으로서 미국항공우주국(NASA)의 대형 우주망원경 스피어엑스(SPHEREx) 프로젝트의 한국 책임자로서 핵심적 역할을 하고 있다.

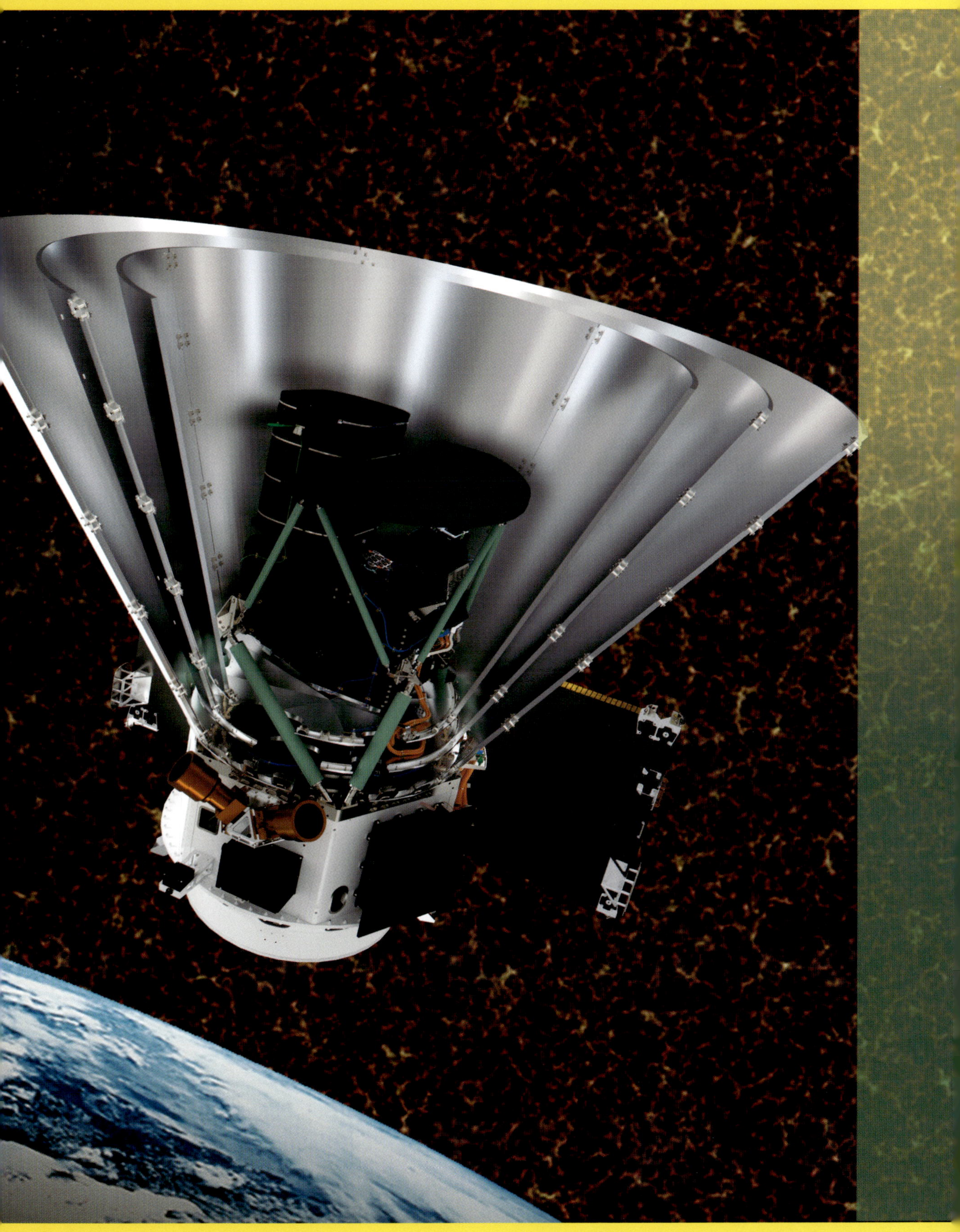

한국 참여 적외선 우주망원경 스피어엑스, 우주의 3차원 지도 그릴까?

우주라는 끝없는 바다를 바라보는 인류는 여전히 눈에 보이지 않는 영역에 숨어 있는 비밀을 밝히기 위해 새로운 '눈'을 만들어 왔다. 그 가운데 하나가 바로 적외선 우주망원경이다. 천문학에서는 매우 먼 우주에 있는, 극도로 희미한 천체들의 신호를 포착해야 하기 때문에 점점 더 큰 망원경이 필요해졌고, 동시에 지구 대기가 만드는 한계를 넘어서기 위해 '망원경을 아예 우주로 올리자'는 발상이 자연스럽게 등장했다.

우주망원경이라는 개념은 20세기 중반부터 구체적으로 논의되기 시작했다. 1940년대 후반 미국 천문학자 라이먼 스피처(Lyman Spitzer)는 대기 밖에 망원경을 띄우면 어떤 과학이 가능해지는지 체계적으로 정리한 보고서를 남겼고, 그의 이름은 훗날 미국항공우주국(NASA)의 적외선 우주망원

대기 불투명도와 지상 및 우주에서 운용되는 망원경.
©NASA

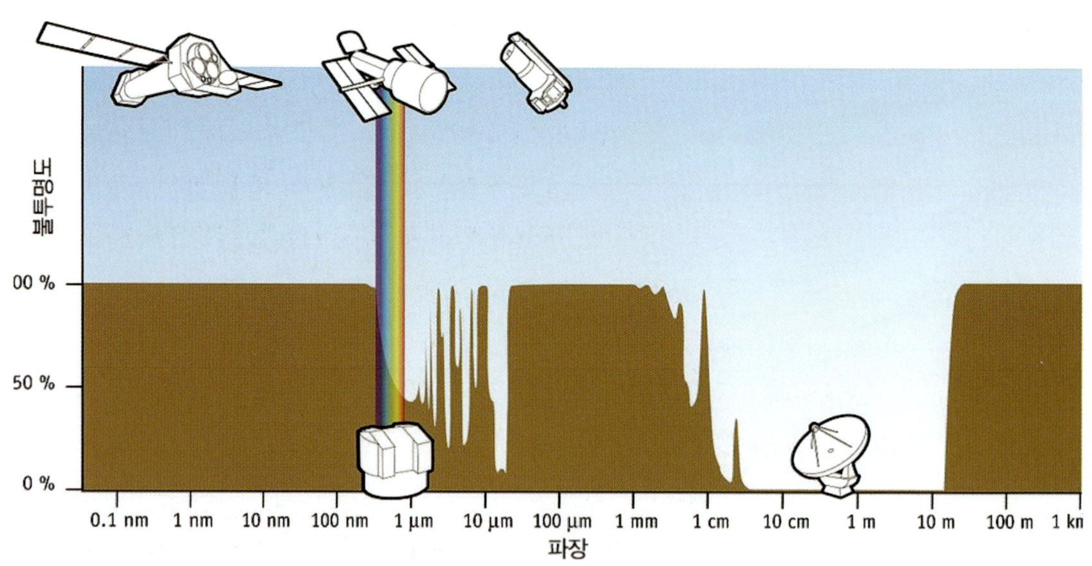

경 '스피처 우주망원경(Spitzer Space Telescope)'에 그대로 붙었다. 실제 우주망원경의 역사는 1960~1970년대에 발사된 초기 위성들에서 출발하는데, 이들은 자외선과 X선처럼 지상에서는 대기에 가로막혀 보이지 않던 파장대를 처음으로 관측해 낸 '선구자' 역할을 했다.

본격적인 전환점은 1990년 잘 알려진 허블 우주망원경의 발사였다. 허블 우주망원경은 대기 왜곡에서 벗어난 고해상도 가시광선 및 근적외선 관측을 통해 은하의 형상, 별의 탄생과 죽음, 우주의 팽창 역사에 이르기까지 현대 천문학의 거의 모든 분야를 다시 쓰게 만들었다. 허블 우주망원경 이후, 특정 파장대에 특화된 다양한 우주망원경들이 잇달아 발사됐고, 21세기에 들어서는 외계행성 탐색, 별의 위치와 운동의 정밀 측정 등 임무가 점차 세분화되고 있다. 그 흐름 속에서 한국과 국제협력으로 2025년 3월 발사된 NASA의 적외선 우주망원경 스피어엑스(Spectro-Photometer for the History of the universe, Epoch of Reionization and ices Explorer, SPHEREx)는 적외선 영상 분광 관측 기술을 적용한 새로운 형태의 우주망원경으로, 우주를 바라보는 인류의 '눈'을 한 단계 더 확장하고 있다. 이에 적외선 우주망원경이 왜 중요한지, 스피어엑스가 어떤 기술과 과학 목표를 바탕으로 탄생했는지, 그리고 그 과정에서 한국이 수행한 역할과 향후 국내 우주망원경 개발에 주는 의의가 무엇인지 살펴보자.

◀
스피어엑스의 실제 모습.
ⓒ한국천문연구원

▼
스피어엑스 전체 구조.
안쪽 관측기기 부분의 경우
한국천문연구원의 검·교정
장비로 극저온 시험을
수행했다.
ⓒ한국천문연구원

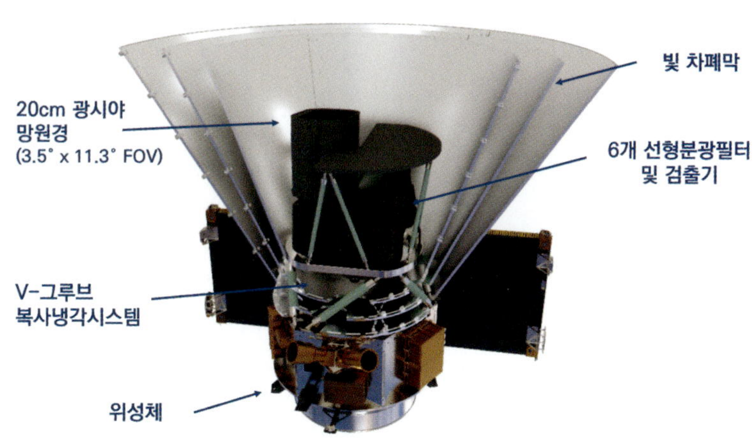

✦ 적외선으로 '가려진 우주'와 '멀리 있는 우주' 관측

우주에서 오는 전자기파 가운데 인간의 눈으로 볼 수 있는 구간은 가시광선에 불과하다. 그러나 우주의 물리적 과정의 상당수는 가시광선이 아닌 다른 파장대에서 더 뚜렷하게 드러난다. 우선 별과 행성은 대부분 성간 먼지로 가득한 분자운 내에서 형성되는데, 이 영역은 가시광선을 강하게 흡수하고 산란시키지만, 파장이 더 긴 적외선은 이 먼지층을 상당 부분 투과한다. 따라서 별 탄생 지역, 은하 중심부의 활동, 두꺼운 가스 및 먼지로 둘러싸인 원시 행성계의 구조를 이해하려면 적외선 관측이 필수적이다. 또한 우주가 팽창함에 따라 먼 우주에서 출발한 빛은 지구에 도달할 때까지 파장이 늘어나 적색이동을 겪는다. 초기 우주에서 방출된 자외선 및 가시광선은 오늘날 관측자에게는 근적외선·중적외선 영역으로 이동해 도달하기 때문에, 재이온화 시기 이후 형성된 최초 은하와 별, 대규모 구조의 초기 요동을 탐사하기 위해서는 적외선 영역에 대한 민감한 관측이 요구된다.

이 주요한 두 가지 이유만으로도, 우주의 기원과 진화를 이해하려는 우주망원경 관측 프로그램이 왜 적외선에 집중되어 있는지를 알 수 있다. 스피어엑스는 이러한 과학적 필요를 가장 극단적으로 반영한 임무 가운데 하나로, 전 하늘을 대상으로 3차원 적외선 우주 지도를 제작하는 데 초점을 맞추고 있다. 지름 20cm의 비교적 작은 우주망원경이지만, 세계 최초로 전 하늘을 0.75~5㎛ 적외선 영역에서 102개 색깔(파장대역)로 나누어 영상과 분광을 동시에 얻는 관측을 수행하는 임무를 맡았다.

✦ 이미지와 스펙트럼 통합하는 '영상 분광 관측 기술'

전통적인 천문 관측에서는 '영상'과 '분광'이 오랫동안 분리된 방식으로 다루어져 왔다. 영상 관측은 넓은 하늘을 특정 필터(예를 들어 가시광 대역)로 한 번에 촬영하여 천체의 위치, 형태 및 밝기를 파악하는 데 매우 효율적이다. 그러나 이런 방식은 각 천체가 어떤 파장의 빛을 얼마나 내고 있는지,

즉 파장에 따른 세부 스펙트럼 정보를 충분히 제공하지 못한다. 반대로 분광 관측은 개별 천체에서 온 빛을 프리즘이나 회절격자에 통과시켜 파장별로 나누는 방식으로 천체의 화학 조성, 온도, 속도(도플러 이동), 물리적 상태 등을 정밀하게 분석할 수 있다. 다만 이 경우 하나의 시야에서 동시에 분석할 수 있는 천체 수가 제한적이며, 전 하늘 규모의 관측을 수행할 경우 관측 시간과 자원 소모가 기하급수적으로 늘어난다는 근본적인 제약이 있다.

영상 분광(spectro-photometry)은 이런 두 방식을 하나의 관측 체계 안에서 통합하려는 시도이다. 넓은 시야를 영상처럼 촬영하면서도, 시야 안의 각 위치마다 파장에 따른 밝기 분포(스펙트럼)에 해당하는 정보를 함께 얻는 관측 방식이다. 다시 말해 '이미지'와 '스펙트럼'을 별도로 얻는 것이 아니라, 하늘의 각 점에 대해 저분산 스펙트럼이 붙은 이미지를 얻는 개념이라고 할 수 있다. 스피어엑스는 바로 이런 영상 분광을 전천 규모에서 구현하는 우주망원경이며, 이를 가능하게 하는 핵심 기술이 선형분광필터(Linear Variable Filter, LVF)이다.

LVF는 필터상의 한 방향(예를 들어 x축 방향)으로 위치가 조금씩 달라질 때마다, 통과시키는 중심 파장이 연속적으로 변하도록 설계된 특수 필터이다. 망원경 초점면에 이런 LVF를 올려놓고, 위성 자세를 미세한 간격으로 조금씩 이동시키며 반복 관측하면, 같은 하늘 영역을 관측하더라도 촬영할 때마다 서로 다른 파장대만 통과한 이미지를 얻게 된다. 이 이미지들을 정교하게 맞추어 쌓아 올리면, 결과적으로 하늘의 각 지점마다 파장에 따른 밝기 정보를 연속적으로 복원할 수 있다.

스피어엑스는 여섯 장의 LVF를 조합해 $0.75\sim5\,\mu m$ 범위를 총 102개 파장대로 세분하여 관측하도록 설계되어 있다. 이를 통해 전 하늘의 각 지점은 102개의 '색'에 해당하는 스펙트럼 정보를 부여받게 되며, 데이터상에서는 하늘의 두 좌표에 더해 파장 축까지 포함된, 일종의 3차원 데이터 큐브(2D 하늘 좌표 + 1D 파장 축)로 표현된다.

이 방식은 회절격자를 사용하는 전통적인 고분산 분광기에 비해 파장 분해능은 상대적으로 낮지만 그 대신 광시야, 고효율, 광역 탐사라는 장점을

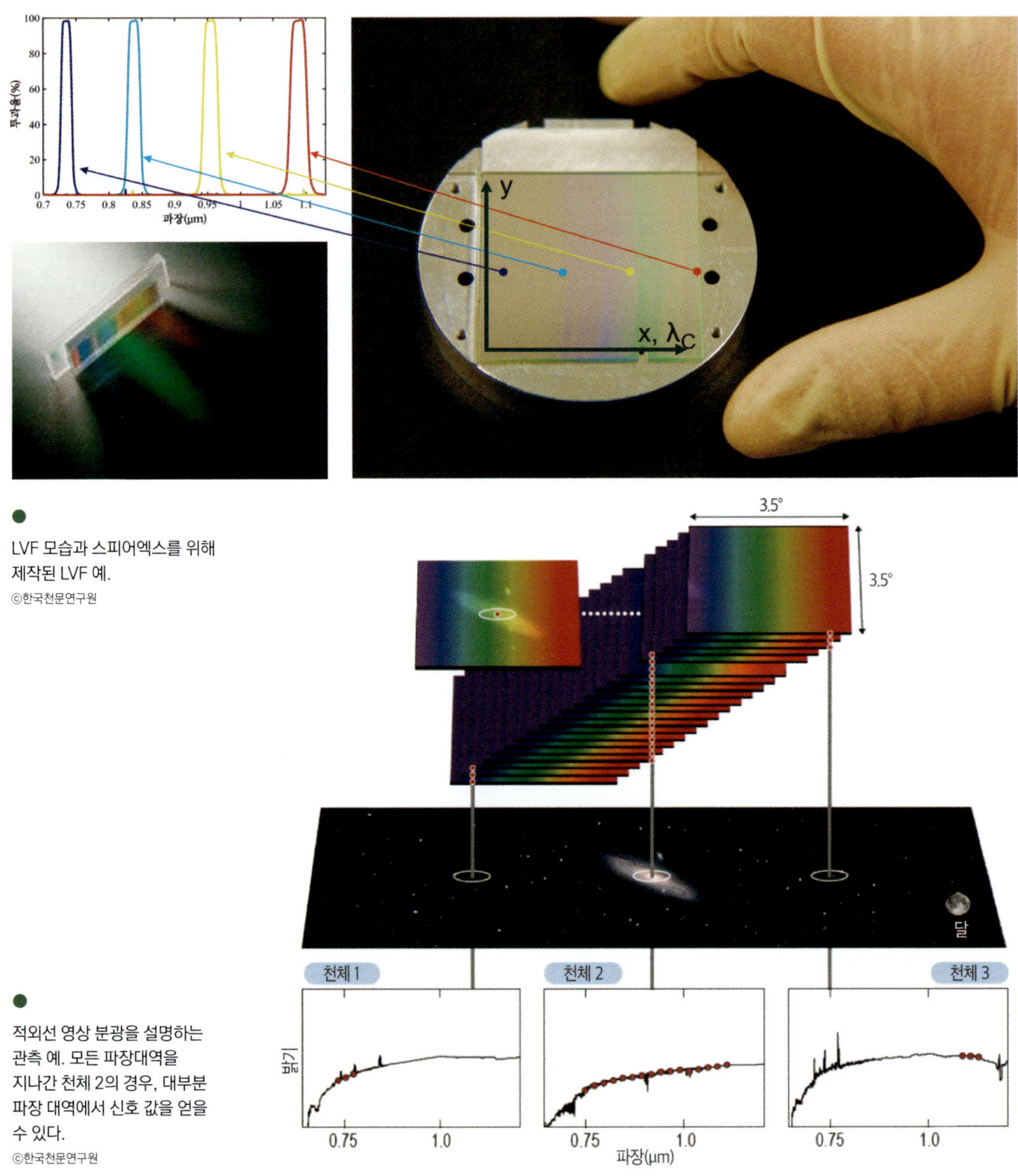

LVF 모습과 스피어엑스를 위해
제작된 LVF 예.
ⓒ한국천문연구원

적외선 영상 분광을 설명하는
관측 예. 모든 파장대역을
지나간 천체 2의 경우, 대부분
파장 대역에서 신호 값을 얻을
수 있다.
ⓒ한국천문연구원

확보할 수 있다. 특히 스피어엑스처럼 우주 전체의 대규모 구조와 같이 통계
적인 특성을 연구하는 미션에서는 이런 저분산 영상 분광이 가장 효율적인
선택이 될 수 있다. 결과적으로 스피어엑스가 생산하는 데이터는 '하늘 전체

를 3차원(두 좌표 + 파장 축)으로 관측한 저분산 스펙트럼 큐브'로 이해할 수 있으며, 이는 이후 다양한 과학 분석과 후속 정밀 관측의 기반 지도로 활용될 것이다.

◆ 소형에서 중형으로 미션 확대 후 선정돼

LVF를 적용한 영상 분광 관측 자체는 전혀 새로운 발상은 아니다. 이미 일부 행성 탐사 미션이나 지구 관측용 초분광 위성에서 넓은 파장 대역에 걸친 저분산 분광 정보를 효율적으로 얻기 위한 수단으로 활용되어 왔다. 다만 이러한 사례들은 대개 제한된 시야에서 특정 행성 및 지표 영역을 정밀 관측하는 데 초점이 맞추어져 있었고, 천체를 대상으로 한 광시야 우주 관측까지 확장되지는 못했다. 이 LVF 기술을 광시야 천체 관측으로 확장하여, 하늘을 넓게 훑으면서 동시에 파장 정보를 획득하는 관측 체계로 실질적으로 구현하고 실증한 최초 사례가 바로 우리나라가 주도한 소형 우주망원경 미션 NISS(Near-infrared Imaging Spectrometer for the Star-formation history)이다. NISS는 LVF 기반의 영상 분광 방식을 우주 별 탄생 역사 연구에 적용함으로써, 이 기술이 우주 천체에 대한 광시야 적외선 영상 분광에 실제로 활용될 수 있음을 성공적으로 보여 주었다. 다시 말해 LVF를 이용한 영상 분광을 '우주 과학용 광시야 적외선 탐사'로 끌어올린 첫 실증 무대가 한국의 소형 미션에서 마련된 셈이다.

이러한 한국 측의 경험 축적을 바탕으로, 스피어엑스에서는 동일한 개념을 전 하늘 규모까지 대담하게 확장하는 설계를 제안할 수 있었고, 한국 연구진이 이 분야의 핵심 기술 파트너 중의 하나로 자연스럽게 자리매김할 수 있는 기반이 마련됐다. 한국천문연구원(KASI)은 스피어엑스 기획연구 단계부터 유일한 국외 협력 기관으로 참여할 수 있었으며, 하드웨어(검·교정 장비 개발 및 극저온 시험), 자료처리 파이프라인, 관측 운영, 과학 연구에 이르는 프로젝트 전 분야에 걸쳐 기여할 수 있는 구조를 확보하게 됐다.

스피어엑스의 초기 구상은 NASA의 소형 익스플로러(Small Explorer,

SMEX) 미션 공모를 통해 추진됐지만, 2014년 평가에서 최종 선정에는 이르지 못했다. 당시 NASA 평가위원회는 제안된 과학 목표와 관측 범위가 소형 미션이 감당할 수 있는 예산 및 자원 한계를 구조적으로 초과한다고 판단했다. 흥미로운 점은 기술적 완성도나 과학적 타당성 자체보다는 '임무 규모가 소형급으로 보기에는 지나치게 크다'는 점이 탈락의 주된 사유였다는 점이다. 이에 따라 스피어엑스 팀은 미션 규모를 재조정하고 관측 전략, 위험관리 계획, 시스템 여유도를 전반적으로 다듬은 뒤, 2016년 NASA 중형 익스플로러(MIDEX) 공모에 다시 도전했다. 이 과정에서 한국천문연구원의 역할도 재정의됐고, NISS를 통해 축적된 선형분광필터 기반의 광시야 적외선 영상 분광 경험이 스피어엑스의 기술적 실현 가능성을 뒷받침하는 핵심 근거로 제시되기도 했다.

그 결과 2019년 스피어엑스는 총예산 약 3,000억 원 규모의 NASA MIDEX 미션으로 최종 선정됐다. 총예산 약 3,000억 원 규모의 중형 임무로 확정되면서, 칼텍(Caltech)이 주관 기관, 칼텍 내 IPAC(적외선 자료처리 및 분석 센터)에서는 전체 자료처리, 제트추진연구소(JPL)가 시스템 엔지니어링 및 미션 관리, BAE 시스템즈(BAE Systems) 같은 산업체가 위성 버스와 망원경을

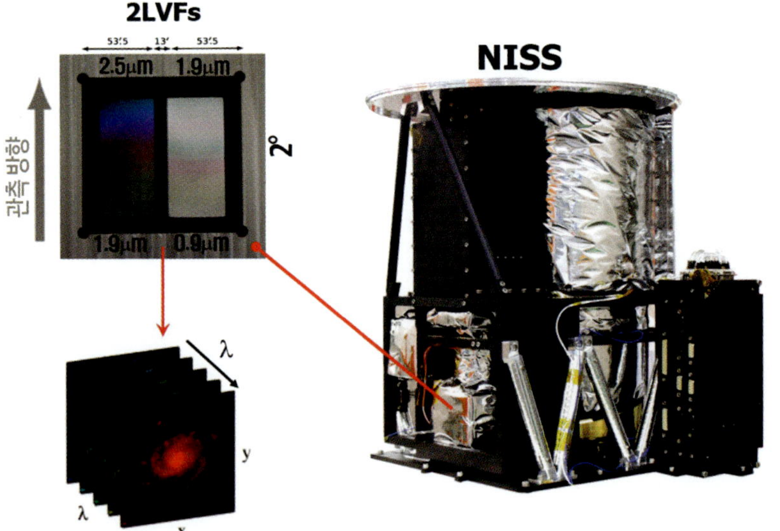

국내 소형 미션 NISS에서 구현된 적외선 영상 분광 관측 기술.
ⓒ한국천문연구원

스피어엑스 선정 심사 때
참여한 한국 팀원들과 함께한
모습. 각각 소형(SMEX)
미션(왼쪽)과 중형(MIDEX)
미션(오른쪽) 심사 때 찍은
사진이다.
ⓒ한국천문연구원

담당하게 됐고, 한국천문연구원은 과학 관측기기의 광학 및 분광 검·교정 장비 개발과 관련 데이터 처리, 과학 분석에 핵심 기여를 담당하는 구조로 참여하게 됐다. 이처럼 스피어엑스 컨소시엄은 천문연을 포함한 12개 기관으로 구성됐고, 그 안에서 한국은 NASA 탐사급 미션에서 처음으로 '기술 공급자이자 과학 공동 주도자'라는 두 가지 위상을 확보하게 됐으며, 이제는 우주망원경 관측자료 '소비자'가 아니라 '생산자'의 지위도 획득할 수 있었다.

◆ 주요 과학 연구 주제 3가지는?

스피어엑스의 과학 목표는 크게 세 가지로 정리된다. 첫째, 우주 인플레이션(초기 급팽창) 이론 검증이다. 우주는 아주 초기 순간, 매우 짧은 시간 동안 폭발적으로 팽창했다는 급팽창 이론이 있다. 그때 생겨난 '조금 더 촘촘한 곳과 조금 더 성긴 곳'의 미세한 밀도 차이가 시간이 지나 은하와 은하단, 거대한 공동(빈 공간, void) 같은 구조로 자라났다고 보는 것이 인플레이션 이론의 핵심이다.

스피어엑스는 수억 개에 이르는 은하들의 위치와 거리를 한꺼번에 측정해, 우주 전체에 은하들이 어떻게 퍼져 있는지를 대규모 3차원 은하 지도로 그리게 된다. 이 분포의 공간적 스펙트럼과 비가우시안성(초기 우주의 밀도 요동이 정규분포에서 벗어난 특성) 등을 분석하면, 초기 우주 인플레이션 모델들이 예측하는 밀도 요동 특성과 어느 정도 일치하는지 검증할 수 있다.

기존에도 우주배경복사(CMB) 관측을 통해 인플레이션의 흔적을 본 적이 있지만, 그건 '아주 초기 우주 사진'에 가깝다. 스피어엑스는 가까운 우주 시기, 이미 은하들이 형성된 이후의 우주를 통해 그 흔적이 실제 구조로 어떻게 자라났는지를 다시 확인하는 셈이다. 이는 기존 우주배경복사(CMB) 관측이 제공한 제약을 보완하며, 인플레이션 모델 정밀도에 대한 추가 정보를 제공할 것으로 기대된다.

둘째, 외부은하 배경원(Extragalactic Background Light, EBL)의 측정이다. 우주에는 수많은 은하가 있고, 각각의 은하 안에는 또 수많은 별과 가스가 빛을 내고 있다. 우리가 하나하나 구분해서 볼 수 있는 은하도 있지만, 너무 멀거나 너무 어두워서 개별적으로는 잘 구분되지 않는 빛이 있다. 이 모든 빛을 누적해 놓은 것이 바로 '외부은하 배경원'이다. 이를 위해 스피어엑스는 여러 번 반복적으로 관측되는 영역인 '딥필드' 관측 자료를 활용한다. '딥필드' 지역은 황도 북극과 남극에 약 100평방도 영역(하늘에서 $100도^2$ 면적, 전체 하늘의 약 0.24%)으로 일반적인 관측지역에 비해 50배 이상 깊게 관측되는데, 스피어엑스는 은하들이 방출하여 누적된 미세한 빛인 외부은하 배경원을 측정할 예정이다.

전통적인 은하 연구는 관측 가능한 은하들을 개별적으로 측정하고 분류하는 방식으로 수행되어 왔지만, 스피어엑스는 관점을 달리해 이미지에서 알아볼 수 있는 은하들을 제거한 뒤 남는 희미한 배경광 요동을 통계적으로 분석한다. 파장별 외부은하 배경원 요동은 최초 별과 은하의 형성 시기, 은하의 누적 별 형성률, 낮은 광도 은하의 통계적인 개수에 대한 정보를 담고 있다. 쉽게 말해 '우주라는 도시 전체에서 새어 나오는 야경의 밝기와 패턴'을 분석해, 개별 건물(은하)을 전부 세지 않고도 그 도시의 규모와 역사, 구조를 파악하는 것과 비슷한 접근이다.

셋째, 우주 얼음(Bionic ice)의 대규모 분포 탐사이다. 우주에서는 물(H_2O), 이산화탄소(CO_2), 메탄(CH_4), 암모니아(NH_3) 같은 분자들이 먼지 알갱이 표면에 얼음 형태로 들러붙어 있는 경우가 많다. 이 얼음들은 나중에 별 주변 원반이나 행성, 혜성, 위성의 구성 성분이 되고, 결국 행성 표면의 물과 유기물, 더 나아가 생명체의 재료로 이어질 수 있다. 스피어엑스의 파장 범위에는 이것들이 만드는 흡수선들이 포함되어 있으며 성운, 분자운, 원시 별 주변 원반 등 약 1,000만 개의 천체에서 이러한 흡수 특징을 탐사함으로써, 생명체 구성에 필요한 물과 유기분자의 공급원을 통계적으로 파악하는 것이 목표이다. 이 과정에서 발견된 흥미로운 대상들은 제임스웹 우주망원경과 미래 대형 망원경의 추가 관측 대상으로 이어져, 행성 형성 과정과 그 주변의 화학적 환경 및 생명체가 존재 가능성이 높은 환경을 추적하는 연구로 확장될 것이다.

◆ '증명사진'보다 '단체사진' 찍는다?!

스피어엑스는 같은 적외선 영역을 관측하더라도 고해상도·고감도로 개별 천체 관측에 초점을 둔 제임스웹 우주망원경(JWST)과는 애초에 관측 철학이 다르다. 제임스웹 우주망원경은 지름 6.5m의 거대한 주경을 바탕으로, 매우 좁은 하늘 영역을 깊고 세밀하게 들여다보는 데 최적화되어 있다. 초기 우주의 희미한 은하, 외계행성 대기, 별과 원시 행성계의 미세한 구조까지 정밀하게 분석할 수 있지만, 한 번에 볼 수 있는 하늘 범위는 극히 제한적이다. 여기에 더해 제임스웹 우주망원경은 개발, 발사, 운영까지 약 10조 원대에 이르는, 인류가 지금까지 추진한 가장 거대한 우주망원경 투자 프로젝트 가운데 하나이기도 하다.

반면, 스피어엑스는 지름 20cm의 비교적 작은 망원경을 사용한다. 해상도와 감도 면에서는 제임스웹 우주망원경에 비할 수 없지만, 대신 한 번에 보름달 약 150개가 들어가는 광시야를 가진다. 이 넓은 시야를 이용해 6개월마다 전 하늘을 한 번씩 스캔하고, 이를 여러 차례 반복해 전천을 102개 파장으로 나눈 스펙트럼 지도로 축적해 나간다는 점이 가장 큰 강점이다. 예산 역시 제임스웹 우주망원경의 극히 일부에 해당하는 수천억 원 규모의 중형 미션으로, 제한된 자원 안에서 '우주 전체의 구조와 통계'를 최대한 효율적으로 계측하는 데 초점을 맞추고 있다.

이 차이를 좀 더 직관적으로 표현하면, 제임스웹 우주망원경이 '개별 천체의 고해상도 증명사진'을 제공하는 망원경이라면, 스피어엑스는 '은하와 대규모 구조 전체를 한 번에 담은 단체사진'을 제공하는 망원경이다. 제임스웹 우주망원경이 한 객체의 얼굴 표정과 피부 결을 자세히 보여 준다면, 스피어엑스는 그 객체가 우주라는 큰 무대 안에서 어디에 서 있고, 주변에 어떤 이웃과 환경이 있는지를 알려 주는 역할을 맡는 셈이다. 스피어엑스의 전천 영상 분광 자료는 개별 천체의 세부 묘사보다는 우주 대규모 구조, 외부은하 배경원, 성간물질 및 우주 얼음 분포의 통계적 특성을 연구하는 데 최적화되어 있다. 반대로 제임스웹 우주망원경은 스피어엑스가 제공한 전천 지도와 후보 목록을 토대로, 그중 흥미로운 대상을 골라 깊이 있는 정밀 분석을 수행할 수 있다.

이런 역할 분담은 향후 수십 년간 우주 관측 패러다임의 한 축을 형성할 것으로 보인다. 스피어엑스가 제공하는 전천 분광 목록은 차세대 미션들

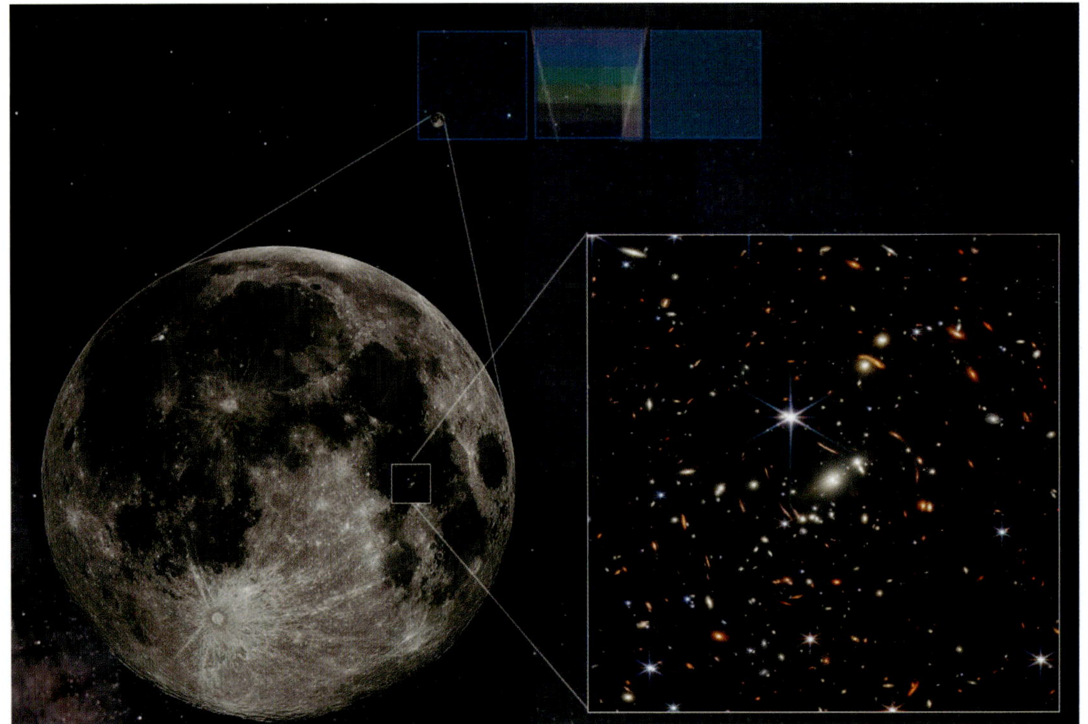

과 지상 및 우주망원경 네트워크가 공통으로 참고하는 지표이자 '관측 대상 선정 데이터베이스'로 활용되게 된다. 다시 말해 스피어엑스는 '우주 어디에 어떤 흥미로운 대상이 있는지 알려 주는 지형도'를 제작하는 역할을, 제임스 웹 우주망원경과 다른 정밀 망원경들은 '그 지형도 위에서 특정 지점을 확대해 정밀 조사하는 현미경' 역할을 맡으며 과학적 목표와 예산 규모, 설계 철학까지 상호 보완하는 구조를 이룬다고 볼 수 있다.

✦ 한국 측의 역할은 극저온 검·교정에서 데이터 처리, 과학 연구까지

스피어엑스 컨소시엄에서 천문연이 유일한 해외 파트너라는 사실은 상징적 의미가 크다. 단순히 실험 장비 일부를 공급하는 수준이 아니라 미션 기획 단계부터 참여하여 하드웨어, 관측 시뮬레이션, 자료처리, 과학 연구에 이르기까지 전 과정에 깊이 관여해 온 핵심 파트너이기 때문이다.

가장 대표적인 기여는 스피어엑스의 지상 성능 시험에 사용된 극저온 진공 챔버를 포함한 검·교정 장비 개발이다. 스피어엑스는 우주에서 약 -210℃ 수준의 극저온 환경에서 운용되는데, 이러한 조건에서 광학계와 검출기의 성능을 지상에서 미리 검증하는 일은 필수적이면서도 기술적으로 가장 까다로운 과제 가운데 하나였다. 천문연 연구진은 국내 산업체와 긴밀히 협력하여, 스피어엑스 관측기기를 그대로 수용할 수 있는 극저온 진공 챔버를 설계하고 제작했다. 이 장비는 고진공·극저온 상태에서 망원경의 광학 축 정렬, 초점 위치와 초점 안정도, 파장별 반응도, 영상 왜곡 및 시야 내 균일도 등을 정밀하게 측정하고 보정할 수 있도록 구성됐다. 설계 검토와 제작, 시험 운용까지 약 3년에 걸친 긴 개발 과정이 필요했으며, 국내 기업이 보유한 기존 기술을 우주과학용 극저온·고정밀 장비 수준으로 끌어올리는 과정이기도 했다. 이렇게 제작된 진공 챔버는 스피어엑스 지상 성능 시험의 핵심 인프라로 활용됐고, 그 성과를 통해 천문연의 우주망원경 검·교정 역량이 국제적으로 공식 인정받는 계기가 됐다.

NEWS | 17 December 2024

Science in 2025: the events to watch for in the coming year

New and repurposed obesity drugs, daring space missions and climate-action policies are among the developments set to shape research in 2025.

By Miryam Naddaf

천문연은 하드웨어 기여에 그치지 않고, 관측 시뮬레이션과 데이터 처리 체계 구축에도 적극 참여했다. 전천을 102개 파장대로 쪼개어 얻는 방대한 영상 분광 자료를 과학적으로 활용 가능한 형태로 바꾸기 위해, 관측 전략을 검증하는 모의 관측 시뮬레이션, 실제 측정을 위한 입력 목록을 정리한 뒤 별·은하·활동성 은하핵 천체를 분리하고 적색이동(거리)을 측정하는 알고리즘, 개별 관측 조각들을 이어 붙여 빠르게 재구성하는 퀵카탈로그 소프트웨어 등의 개발에 한국 연구진이 깊이 관여했다. 이는 단순한 데이터 수신·저장 수준을 넘어, 스피어엑스 데이터가 과학 결과로 이어지는 전 과정에 한국이 일부 책임을 나누어 맡고 있다는 의미이기도 하다.

과학 인력 측면에서도 한국의 비중은 적지 않다. 스피어엑스 과학팀 약 80여 명 가운데 20여 명이 한국 소속 연구자로, 전체의 약 4분의 1에 해당한다. 이들은 미션의 핵심 과학 주제에 기여하고 있으며, 더불어 대학 및 대학원과의 연계를 통해 스피어엑스를 기반으로 한 다양한 '레거시 과학연구 주제(본래 미션 외에 데이터를 활용해 개발되는, 장기적 가치가 있는 새로운 과학 주제)' 발굴도 병행하고 있다. 스피어엑스는 한국이 우주망원경 개발과 활용의 전 주기에 걸쳐 참여한 NASA의 첫 중형 국제 미션이라는 점에서 향후 독자 우주망원경 개발과 추가 국제협력에서 중요한 이정표가 되고 있다.

✦ 2년간 전 하늘을 네 차례 이상 반복 관측한다

스피어엑스는 2025년 3월 12일(한국 시각) 미국 캘리포니아주 반덴버그 우주군 기지에서 스페이스X 팰컨9 로켓을 통해 성공적으로 발사됐다. 발사 후 약 40여 분이 지나 스피어엑스는 고도 약 650km의 태양 동기 궤도에

스피어엑스를 스페이스X 팰컨9 발사체의 페어링(보호 덮개) 안에 넣은 모습(왼쪽)과 발사체에서 스피어엑스를 사출하는 장면(오른쪽).

© SpaceX

진입했고, 같은 날 첫 지상국 교신에 성공함으로써 발사 과정과 위성의 기본 상태가 정상임을 확인했다. 이후 약 6주간의 초기 운영 단계는 본격적인 과학 관측에 앞서 위성 전체 시스템과 관측기기를 점검하는 기간이었다. 이 기간 동안 자세 제어, 온도 안정화 및 복사 냉각 상태, 전력·통신 시스템, 검출기 동작 여부, LVF를 통한 관측 모드 등 각종 기능을 순차적으로 시험했다. 시험 관측과 기능 점검을 동시에 수행하면서 실제 우주 환경에서의 잡음 특성, 배경 밝기, 온도 변화에 따른 광학계 안정성도 함께 평가했다.

이 과정에서 획득된 첫 시험 관측 이미지는 약 $3.5° \times 11.3°$에 달하는 넓은 시야를 한 번에 포착한 자료로, 스피어엑스가 의도한 대로 광시야 영상 분광이 구현되고 있음을 보여 주었다. 이미지에는 가까운 밝은 은하뿐 아니라 희미한 먼 은하들도 동시에 검출됐는데 초점, 배경 수준 등을 분석한 결과, 스피어엑스의 해상도와 감도가 설계 사양을 충족하고 있음을 확인할 수 있었다. 한국 연구진 역시 이 첫 데이터를 바탕으로 우주 환경에서도 관측기기가 안정적으로 동작하고 있음을 검증했다.

이러한 초기 점검을 마친 뒤, 스피어엑스는 2025년 5월 1일 예정대로 본격 과학 관측 단계로 전환됐다. 스피어엑스는 지구 극궤도를 약 98분 주

스피어엑스가 공개한 첫 번째 이미지. 이는 적외선(파장 0.75-5.0μm) 범위의 영상 분광 관측 능력을 갖춘 스피어엑스가 수집한 데이터로서, 시각화를 위해 자외선·가시광선 색상으로 일부 변환됐다.
ⓒ 한국천문연구원

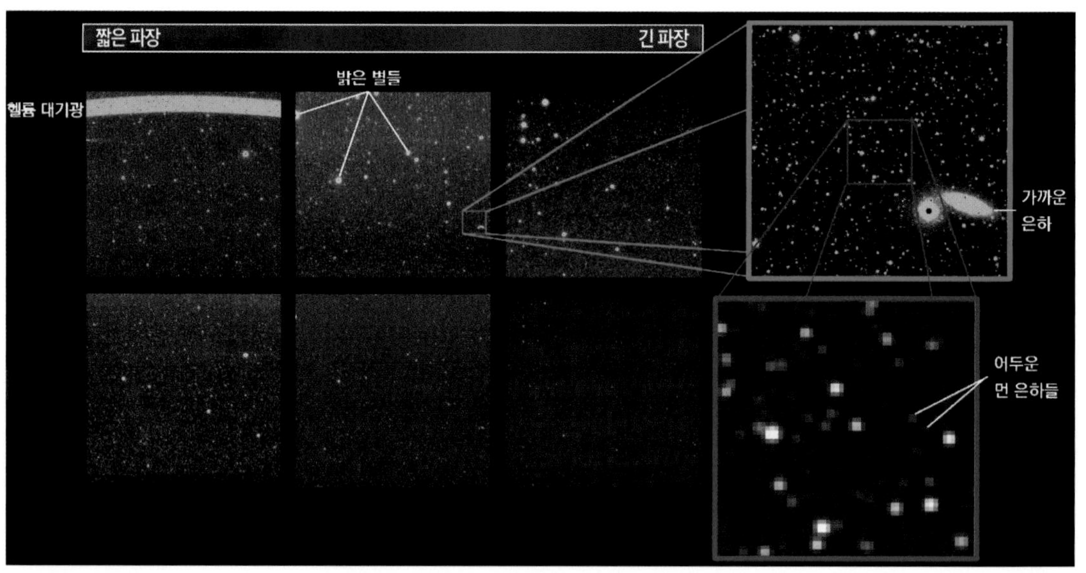

대마젤란은하 근방의 한 성운을 3색(청색: 0.98μm, 녹색: 0.96μm, 적색: 3.29μm 파장 대역)으로 촬영해 합성한 영상. 녹색 영역은 청색으로 표시된 어린 별들에 의해 이온화된 영역을 나타내며, 적색 영역에서 보이는 먼지구름을 통해 주요 물질(다환 방향족 탄화수소인 PAH)을 확인할 수 있어, 스피어엑스가 가지는 분광 탐색 능력을 잘 보여 주는 영상이다.
ⓒ 한국천문연구원

기로 공전하며 하루에 약 14.5바퀴를 돌고, 이 과정에서 위성의 시선을 일정한 패턴에 따라 조금씩 이동시키며 하늘을 훑는다. 이렇게 해서 약 6개월에 한 번씩 전 하늘을 빠짐없이 스캔해 전천 적외선 분광 지도를 완성하는데, 이후 반복 관측을 수행한다. 총 2년으로 계획된 기본 임무 기간 동안 스피어엑스는 전 하늘을 최소 네 차례 이상 반복 관측한다. 시간에 따른 밝기 변화를 확인함과 동시에, 측정 오차와 통계적인 잡음을 줄여 좀 더 정밀한 3차원 우주 지도를 얻기 위해서이다.

관측 자료는 관측이 수행된 뒤 약 60일 이내에 NASA의 적외선 과학 아카이브(IRSA)를 통해 단계적으로 공개되는데, 천문연은 국내 연구자들의 데이터 활용을 돕고 있다. 2025년 7월에는 첫 본격 관측으로부터 축적된 대규모 초기 데이터 세트(약 6,000장 이상에 해당하는 이미지 및 스펙트럼 정보)가 공개됐고, 이를 계기로 국내외 천문학계에서는 이미 수십 건의 초기 과학 연구 아이디어가 제안·논의되고 있다. 한국 연구진은 스피어엑스의 핵심 과학 목표를 중심으로 중장기 연구 프로그램을 구성하고 있으며, 이 데이터가 향후 10년 이상 다양한 후속 연구의 토대가 될 것으로 기대되고 있다.

✦ 전천 적외선 영상 분광 미션으로 새로운 관측 패러다임 열어

스피어엑스에 대한 한국의 참여는 단일 국제협력 미션의 성공을 넘어, 장기적인 국가 우주망원경 전략을 준비하는 데 중요한 기반이 되고 있다. 한국천문연구원은 그동안 소형 적외선 우주망원경(MIRIS, NISS 등)을 개발해 온 경험에 더해, 스피어엑스 참여를 통해 우주망원경 미션의 전 주기에 걸친 개발, 검·교정, 운영, 데이터 처리 체계를 실전에서 검증했다. 특히 극저온 환경에서의 영상 및 분광 검·교정 기술, 선형분광필터(LVF)를 이용한 광시야 영상 분광 운용 경험, 전천 분광 데이터를 다루는 대용량 처리 기술은 향후 국내 독자 우주망원경 개발의 핵심 자산으로 축적되고 있다. 이를 바탕으로 국내에서는 이미 여러 형태의 차세대 우주망원경 개념 설계가 진행 중이며, 국제 공동 미션과 한국 주도 임무를 적절히 조합한 균형 잡힌 포트폴리오에 대한 논의도 구체화되고 있다. 더 나아가 한국이 개발해 스피어엑스에서 검증된 기술을 차기 NASA 미션에도 직접 적용하려는 국제협력 논의도 진행 중이다. 한국의 우주망원경 역량이 중형급을 넘어 향후 대형 국제협력 미션으로 확장될 교두보가 마련되고 있다.

또 스피어엑스의 미션은 '전 하늘을 102개 색깔로 나누어 본다'는 독창적인 개념 아래, 우주 대폭발 검증, 외부은하 배경원 연구, 우주 얼음 탐사라는 서로 다른 세 과학 분야를 하나의 관측 프로그램 안에 통합한 미션이다. 이 미션이 성공적으로 수행된다면 우주론, 은하 진화, 생명 기원 연구에서 광시야 적외선 영상 분광이라는 관측 모드의 과학적 유효성과 효율성을 입증하는 중요한 이정표가 될 것이다. 동시에 스피어엑스가 구축하는 전천 스펙트럼 카탈로그와 3차원 지도는 제임스웹 우주망원경을 비롯해 로만 우주망원경, 차세대 지상 초대형망원경 등 다양한 관측 시설들의 관측 전략을 설계하는 데 기초 자료로 활용될 것으로 기대된다. 이 과정에서 한국은 단순히 공개 데이터를 활용하는 '사용자'를 넘어, 핵심 검·교정 장비와 자료처리 파이프라인을 제공하고, 주요 과학 주제를 함께 기획하고 수행하는 공동 설계자이자 공급자로 자리매김했다. 이는 앞으로 국내 독자 우주망원경을 추

스피어엑스 전천 지도 이미지. 스피어엑스는 우주의 다양한 특징을 드러내는 데 사용될 수 있는 102가지 적외선 색상으로 하늘 전체를 지도화했다. 이 이미지는 그중 일부 색상을 보여 주는데, 별(파란색, 녹색, 흰색), 뜨거운 수소 가스(파란색) 그리고 우주먼지(빨간색)에서 방출된 적외선이 나타나 있다.
© NASA/JPL-Caltech

진할 때 신뢰도 높은 실적과 레퍼런스로 작용할 뿐 아니라 차세대 국제 공동 미션에서 한국이 좀 더 큰 역할을 맡을 수 있는 근거가 되기도 한다.

2025년 12월 19일, 스피어엑스는 전 하늘에 대한 1차 관측을 마치고, 이를 바탕으로 제작한 첫 번째 전천 지도를 완성해 공개했다. 이번에 공개된 영상은 전 하늘을 102개 적외선 파장(색상)으로 분광해 구현한 세계 최초의 전천 우주 지도로, 연구진은 자료로부터 전천 3차원 적외선 우주지도를 완성하고 있다.

특히 스피어엑스가 완성할 전천 3차원 적외선 지도는 그 자체로 하나의 거대한 과학 인프라이다. 이 지도가 향후 수십 년 동안 수많은 천문학 연구의 공통 출발점이 될 때, 그 한가운데에는 한국이 기여한 기술과 검·교정 장비, 그리고 데이터를 해석한 연구진의 역할이 함께 기억될 것이다. 그런 의미에서 스피어엑스는 단지 새로운 적외선 우주망원경의 이름이 아니라 한국 천문학계가 '우주의 기원과 생명'이라는 거대한 질문을 세계와 함께 주도적으로 탐구하기 시작했다는 사실을 알리는 하나의 선언이기도 하다.

ISSUE 8 기상학

수치예보 모델

이우진

미국 어바나샴페인 일리노이대학에서 대기과학 박사 학위를 받았다. 음악을 듣고, 자연 가까이 산책하기를 좋아한다. 오랜 기간 컴퓨터 계산과학을 접목한 기상예측 현장 업무와 연구에 종사해 오면서, 『기상역학』, 『일기도와 날씨해석』을 비롯한 다수의 전문서를 썼다. 또 사회와 소통하며 『기상청 운동회날 왜 비가 왔을까』, 『날씨의 음악』, 『미래는 절반만 열려 있다』 등 교양서를 펴냈다.

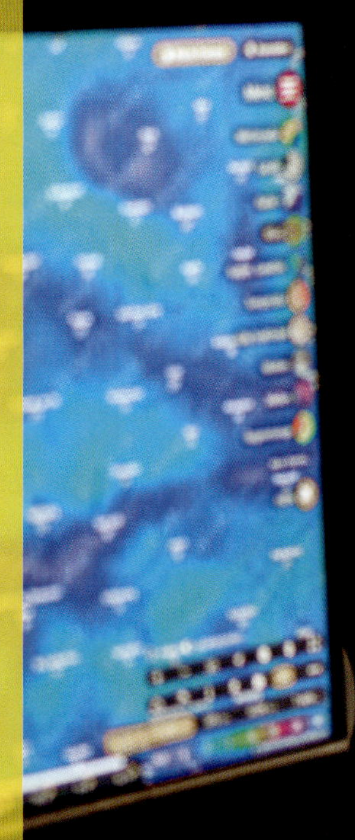

세계 최고 수준 '수치예보모델'로 게릴라 호우, 폭설 잡을까?

스마트폰의 기상청 날씨 앱 메뉴 화면. 소메뉴(가운데)를 클릭하면 예상 일기도(왼쪽)와 일기예보(오른쪽)가 나타난다. 사례의 예상 일기도는 2025년 8월 23일 21시(관측 시점)의 관측자료를 이용해서 슈퍼컴퓨터가 그려낸 28일(예상 시점)의 지상 기압계와 강수량(채색)이다. 예상 일기도에 대응하는 서울의 일기예보는 '오전 비 후 갬'이다.

ⓒ 기상청 날씨 앱

날씨가 궁금해지면 누구에게 물어볼 것도 없다. 호주머니에서 스마트폰을 꺼내 들면 그만이다. 날씨 앱을 열면 손쉽게 현재 기상 상황은 물론이고 다음 주간의 일기예보를 구할 수 있다. 인형 뽑기라도 하듯, 손 한 뼘도 안 되는 작은 상자에서 전 세계의 날씨가 끝없이 뽑혀 나온다.

2025년 여름에는 유난히 폭염과 폭우가 반복되는 날씨 패턴을 보였다. 그해 8월 무더위가 며칠째 이어지던 어느 날, 스마트폰을 꺼내 기상청 날씨 앱에 들어가 본다. 언제 비라도 와서 이 더위가 좀 누그러지려나 궁금해져서다. 소메뉴의 예상 일기도에 들어가 보니, 앞으로 6일째 되는 날에는 기압계 패턴이 변해 우리나라에 폭염 대신 강한 비구름 띠가 그려져 있다.

예상대로 날씨가 굴러갈까 갸우뚱하며 비를 기다려 본다. 6일째에 접어들자 정말로 굵은 빗방울이 창문을 요란하게 두드리고 멀리서 천둥소리

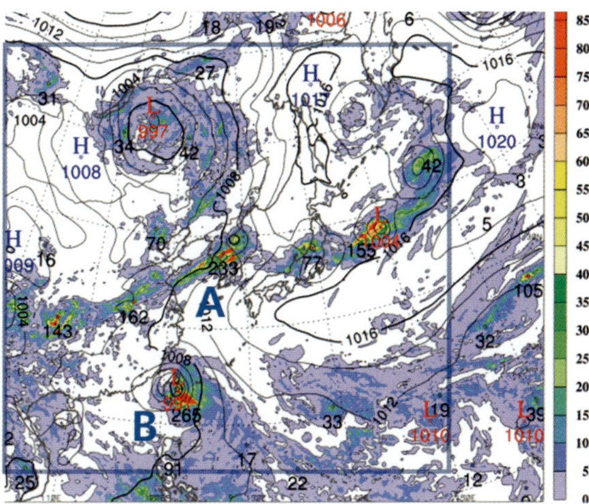

2025년 8월 13일 09시, 천리안 기상위성 영상과 6일 전에 내놓은 수치 예상도. A와 B는 각각 한반도에 걸쳐 있는 강한 비구름대와 대만에 접근 중인 11호 태풍 버들을 가리킨다.
© 기상청

가 들려온다. 중국 남부에서 서해를 거쳐 한반도까지 기다란 비구름 띠가 만들어져 경기 북부지방에 세찬 비를 쏟아내는 거다. 장마철에는 날씨가 매우 불규칙해서, 예보 정확도가 다른 계절보다 낮은 편이다. 그런데도 6일 전부터 지역을 특정해 강한 비의 가능성을 제대로 예측해 낸 건 고무적이다.

예상도에 그려진 태풍 '버들'의 행적은 더욱 놀랍다. 더위가 채 가시지 않았던 8월 7일, 필리핀에서 동쪽으로 2,000km 이상 떨어진 북서 태평양 한가운데서는 미약한 열대요란이 조금씩 모양을 갖추고 있었다. 그러다가 이 요란은 점차 태풍의 등급으로 발달하여 버들이라는 이름이 붙었는데, 13일 오후에 버들은 시속 133km의 강풍을 동반한 채 대만 남쪽 끝부분에 상륙했다. 태풍이 아직 제 모습을 갖추지도 않았던 시점에, 태풍이 새로 만들어져 6일 후에는 대만으로 접근하는 경로를 모델이 족집게처럼 잡아낸 거다. 버들이 서진하면서 북태평양 고기압을 북쪽으로 밀어 올리며 우리나라에는 호우를 불러왔는데, 모델이 태풍 경로를 제대로 예측해 낸 게 6일 후 한반도에 걸친 강한 비구름대를 예상하는 데도 한몫했다.

지금부터 70년만 거슬러 가 봐도 세계 도처에서 갑작스레 태풍을 만나 번번이 피해를 당했다. 2차 세계 대전 말기, 미 해군은 필리핀 근해에서 작전을 펼치다 공교롭게 태풍 '코브라'의 눈 가까이 들어가는 바람에 수백 명의 군인과 여러 척의 전함을 잃었다. 오늘날 태풍의 경로를 수일 전부터 예측하게 된 것은 그간 과학기술의 진보 덕분이다. 특히 인공위성이 구름의 전모를 감시하고, 컴퓨터로 대기의 동태를 과학적으로 계산하게 되면서 일기예보는 획기적으로 발전하게 된다.

✪ 더 정밀해진 날씨 예측과 한국형 수치예보모델

일상에서 일기예보는 생활필수품이다. 큰비가 내릴 것 같으면 미리 하천 주변이나 도로를 통제하고 저지대 주민을 대피시켜 인명 피해를 줄인다. 태풍이 북상하면 멀리 나간 배를 귀항시키고, 각종 시설물을 안전하게 동여매 피해를 줄인다. 어느 지역에 가뭄이 지속될 것 같으면 미리 식수원을 다변화하고 급수 대책을 마련하여 생활 불편을 줄인다. 이 모든 게 컴퓨터와 첨단 수리과학을 기반으로 한 일기예보 기술의 발전 덕분이다.

컴퓨터의 눈으로 본 대기는 가상공간 안에 흩어져 있는 계산점의 값, 즉 수치의 집합이다. 기상 커뮤니티에서는 컴퓨터를 이용해 가상공간에서 대기의 모습을 재현하거나 예측하는 방법을 '수치예보'라고 하고, 예측 과정에 쓰이는 계산 소프트웨어를 '수치예보모델'이라고 부른다.

대기라는 유체가 흐르고 변해 가는 원리는 미분방정식으로 쓰여 있다. 방정식이 복잡해서 이상적인 조건에서만 해를 구할 수 있다. 그런데 컴퓨터를 쓰면 어떤 조건에서도 정답에 근접한 해를 구할 수 있다. 대신 비용을 치러야 한다. 정확한 해를 구하려면 3차원 대기 공간 안에 계산점을 촘촘하게 배치해야 하는데, 계산량이 많아지는 만큼 문제 푸는 시간이 늘어나는 게 부담이다. 정확성과 시의성이라는 두 마리 토끼를 동시에 잡아야 하는 게 수치예보의 딜레마다. 그래서 나라마다 계산점을 늘리면서 동시에 계산 속도가 빠른 슈퍼컴퓨터를 증설하는 데 혈안이 돼 있다.

목장에서 그날그날 짜낸 소젖이 곧바로 가공돼 시중에 유통돼야 상하지 않듯이, 관측한 자료도 곧바로 분석을 거쳐 일기예보가 만들어져야 날씨 소식도 신선함을 유지할 수 있다. 전 세계에서 오전 9시에 관측한 자료가 들어오는 족족 이걸 요리하기 위해 다듬고 자르고 거르다 보면 12시가 넘는

다. 이때부터 슈퍼컴퓨터가 부지런히 움직이는데, 오후 2시 전에는 모든 계
산이 끝나야 예보관이 이걸 검토해서 예보 판정을 내린 뒤, 오후 5시에 일기
예보를 내보내게 된다. 일기예보는 하루 수차례 정해진 시간에 미디어를 통
해 국민에게 전달돼야 하므로, 컴퓨터가 계산에 쓸 수 있는 시간은 기껏해야
한 시간 정도다. 그래서 수치예보모델이 고도화될 때마다, 늘어나는 계산 작
업을 한 시간 안에 끝내기 위해 더 빠른 컴퓨터가 필요하게 된다.

기상청은 2025년 5월 14일부터 기존 12km 격자 간격에서 한층 상세
해진 8km 격자 간격의 한국형 수치예보모델(KIM)을 정식으로 운영했다. 격
자 간격이란 수평 방향으로 이웃하는 두 계산점 사이의 거리다. 격자 간격
이 좁을수록 해상도가 높아져 복잡한 지형 위를 흐르는 미세한 대기의 운동
도 식별해 낼 수 있다. 대신 전 지구 대기를 에워싼 계산점은 종전보다 3배
이상 늘어나 계산 시간도 3배 이상 더 걸린다. 하지만 2021년 슈퍼컴퓨터의
성능을 9배나 업그레이드했기에 더 많은 전산 자원을 계산에 투입해 예보
업무 일정에 맞출 수 있었다.

한국형 수치예보모델은 수십만 줄의 코드가 모인 거대 응용 소프트웨

한국형 전 지구 수치예보모델
KIM과 자매 모델. 모델 KIM의
격자 간격은 8km, 예측 기간은
12일이다. 자매 모델은 KIM의
계산 자료를 받아서 상세한
예측계산을 수행한다. 아시아
영역은 격자 간격이 3km이고
예측 기간은 5일이다. 한반도
영역은 격자 간격이 5km이고
예측 기간은 12시간인데,
타 영역과 다르게 매 시각
예측 자료를 업데이트하는 게
특색이다.
ⓒ 기상청

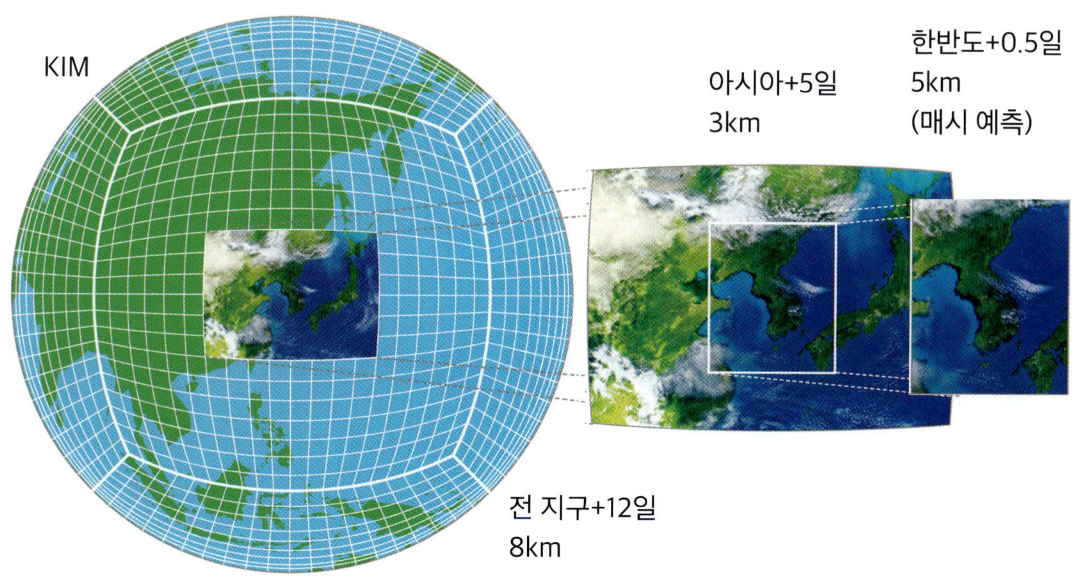

어다. 코드를 개발하는 데 많은 국내 과학인이 참여했다. 스마트폰 앱처럼 이 모델도 일 년에 한두 번씩 정기적으로 버전을 갱신할 때마다 기능성이 향상되며 계속 진화해 간다.

한국형 수치예보모델은 열대에서 극지까지, 태평양에서 대서양까지 시야가 넓다. 국경이 없는 대기의 흐름을 온전히 담아내기 위해서다. 모델 대기는 우선 양파껍질처럼 여러 개의 층으로 나누어진다. 둥근 지구를 에워싼 하나의 양파껍질을 다시 여러 개의 작은 조각으로 나누는데, 그 방법은 여러 가지다. 한국형 수치예보모델에서는 바둑판처럼 눈금이 빼곡한 정사각형 6개로 정육면체를 만든 다음, 지구 표면에 최대한 맞닿게 정육면체를 부풀리는 방식을 쓴다. 이렇게 하면 계산점이 지구 전역에 고르게 퍼질 수 있어 계산 잡음이 적어지고, 작은 구역별로 계산 작업을 잘게 나눠줄 수 있어서 계산 효율이 높아지는 게 한국형 수치예보모델의 장점이다.

그런데 수치예보모델의 해상도만 높아진다고 덩달아 모델의 예측 성능이 올라가는 건 아니다. 스마트폰 카메라의 센서 픽셀 수를 늘린다고 곧장 화면이 더 선명해지는 게 아닌 것과 마찬가지다. 카메라와 디스플레이 기능성이 함께 향상돼야 화질이 좋아지는 것처럼, 수치예보모델도 여러 기능이 함께 향상돼야 예측 성능이 올라간다. 이번에 모델 해상도를 높이면서 기상청은 모델의 세부 기능도 함께 손질했다. 아울러 위성 자료를 비롯해 모델에 들어가는 관측 자료량도 늘렸다. 한국형 수치예보모델의 예측 성능과, 계산

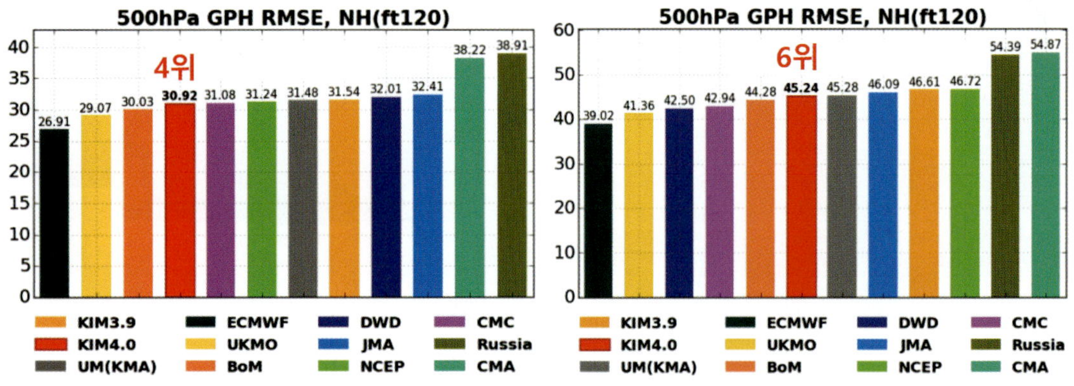

작업을 지원하는 슈퍼컴퓨터의 자료처리 빠르기는 각각 세계 상위권이다.

◆ 기상위성 관측자료가 수치예보 성능을 좌우한다

충북 오창의 국가기상슈퍼컴퓨터센터에서는 수치예보에 필요한 각종 자료를 처리하느라 슈퍼컴퓨터가 쉴 새 없이 24시간 분주하게 돌아간다. 하지만 영화 '스타워즈'에나 나올 법한 첨단 기기를 기대하며 이곳을 방문한 사람들은 넓은 방 안에 '고철 덩어리'만 덩그러니 서 있고 뒷면에는 전기 회로가 복잡하게 얽혀 있는 걸 보고 허탈해한다. 전 세계에 걸쳐 복잡한 기상 흐름을 분석하고 예측해 내는 첨단 소프트웨어인 수치예보모델은 검은 상자에 감추어진 비밀처럼 정작 눈에 보이지 않기 때문이다.

슈퍼컴퓨터에서 일어나는 수치예보 자료처리 흐름을 단순하게 바라보면, 원료가 검은 상자에 들어가 처리된 뒤 상품이 출력되는 과정으로 볼

충북 오창에 있는 국가기상슈퍼컴퓨터센터 전경. 이곳에는 본체 2대로 구성된 기상용 슈퍼컴퓨터 5호기(LENOVO SD650)가 갖춰져 있다. 각각이 25.5 페타플롭스(petaflops)라는 이론 성능을 보이는데, 이는 전 세계 인구가 2년간 계산할 양을 1초 만에 처리할 수 있는 정도에 해당한다.
ⓒ 국가기상슈퍼컴퓨터센터

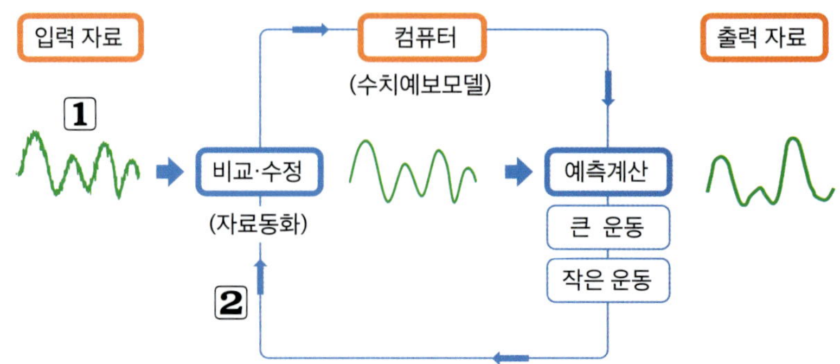

수치예보는 관측(자연)과 이론(모델)의 차이를 좁혀 가는 순환과정. 관측값(①)을 동일한 시점의 모델 예측값(②)과 비교하여 차이가 생기는 부분은 관측값에 근접하도록 수정하게 된다.

수 있다. 하늘과 땅, 바다 위에서 관측한 모든 기상관측 자료가 원료다. 이게 '검은 상자'에 들어가면 수치예보모델이 계산 작업을 수행하고, 기상 예측 자료라는 정보상품이 출력된다. 앞으로 한 주간 지역별로 시각별로 얼마나 더울지, 습할지, 또 바람은 어느 방향으로 얼마나 세게 불지, 비나 눈은 얼마나 올지 정량적으로 보여 준다. 수치예보기술이 빠르게 발전하고는 있다지만, 강수량이나 강한 돌풍처럼 예측하기 어려운 분야가 여전히 많이 남아 있다. 슈퍼컴퓨터에서 나온 수치 예측 자료를 최종적으로 예보관이 판독하고 보정해서 일기예보를 시중에 내보내게 된다.

"쓰레기가 들어가면 쓰레기가 나온다"는 격언은 수치예보에도 통용된다. 양질의 관측자료가 많이 입력돼야 우수한 예측 자료가 나온다. 우리 몸의 건강 상태를 진단하기 위해 종합 건강검진을 하러 가면, 한나절 내내 갖가지 검사를 받게 된다. 키, 몸무게, 체온 같은 기초 검사가 있는가 하면, 살점 안에 주사기를 꽂아 혈액을 채취해 검사하기도 하고, 초음파나 X-선을 몸 안에 투사해 장기의 상태를 보기도 한다. 대기의 '건강'을 살피는 것도 크게 다르지 않다. 지상이나 해상의 구조물에 센서를 고정하거나 풍선을 띄워 올려 대기의 속살을 파고 들어가 바람, 기온, 습도 같은 기본 요소를 관측하기도 한다. 나아가 인공위성이나 레이더로 대기를 원격으로 탐측하기도 한다. 관측 종별로 오차 특성을 감안해 자료의 품질을 관리한다. 불량한 관측 자료를 미리 걸러 내는 게 수치예보의 품질을 높이는 일차 관문이다.

모델에 쓰이는 기상 관측자료 중에서 80% 이상이 기상위성에서 원격

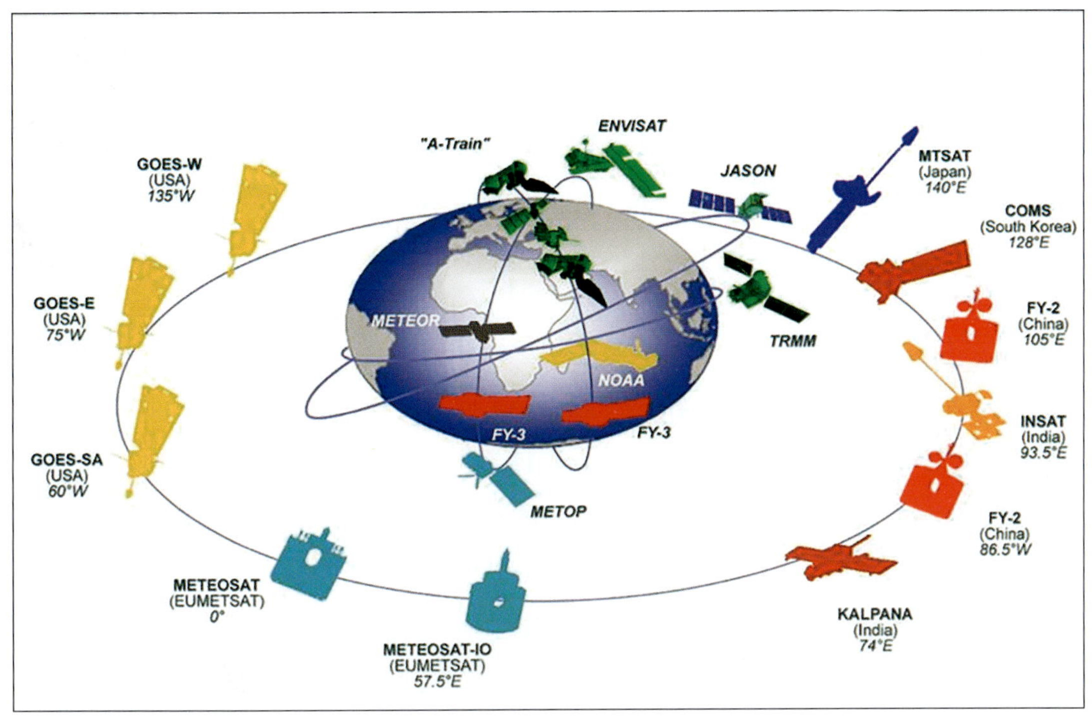

으로 탐측한 자료다. 항공기 관측자료도 10% 이상을 차지한다. 지상과 해상의 일반 기상 관측자료, 풍선에 매달린 라디오존데 관측자료를 비롯해 전통적인 관측자료는 모두 합쳐 봐야 10%가 채 안 된다.

기상위성의 센서는 본래 대기를 투과해 나오는 전자기파 신호를 감지하므로, 이 신호를 정제해 기온과 습도의 연직 분포를 역산해 내는 과정이 어렵고 복잡하다. 특히 전자레인지에 쓰는 전자기파인 마이크로파는 구름 속을 큰 방해 없이 투과해 비나 눈이 오는 구역을 탐지해 주므로, 수증기량 분석과 강수량 예측에 긴요하게 쓰인다. 그래서 위성 자료를 수치예보에 활용하는 기술 수준에 따라 그 나라의 수치예보 성능도 상당 부분 좌우된다.

기상위성은 크게 2종류가 있다. 정지궤도 위성은 시간상으로 촘촘한 관측 능력이 우수하고, 대신 극궤도 위성은 지구와 거리가 가까운 만큼 공간 해상도가 뛰어나다. 특히 정지궤도 기상위성의 구름 이동 벡터는 바람 관측자료 대용으로 쓸 수 있어 해상이나 산악의 관측 공백을 메우는 데 효과적

수치예보모델에 관측자료를 제공하는 주요 기상위성의 모식도. 바깥 원에는 정지궤도 위성이, 안쪽 작은 원에는 극궤도 위성이 포진해 있다. 정지궤도 위성은 시간상으로 촘촘한 관측 능력이 우수하고, 대신 극궤도 위성은 지구와 거리가 가까운 만큼 공간 해상도가 뛰어나다. COMS는 우리나라에서 운영 중인 정지궤도 위성이다.
ⓒ 독일기상청 홈페이지

이다. 한국형 수치예보모델에서는 기상청이 운영하는 천리안 기상위성(GK-2A)과 외국에서 운영 중인 12개의 기상위성에서 탐측한 전자기파 복사량이나 바람 자료를 갖다 쓴다. 이 중에서 7개는 정지궤도 기상위성이고 나머지 6개는 극궤도 기상위성이다. 기상청에서는 차세대수치예보모델개발사업단과 협력하여, 아직 써보지 않은 6개의 기상위성 자료를 보강해 모델에 입력하기 위한 기술 개발 사업을 진행하고 있다.

✪ 수치예보는 매일 반복 학습을 통해 발전한다

수치예보모델이 작동하는 검은 상자는 예측과 수정을 반복하며 자연에 가까이 다가가려는 순환과정이다. 미국 항공우주국(NASA)에서 아폴로 우주선의 궤도를 제어하는 과정과 흡사하다. 우주선은 현재 위치, 이동 속도, 그리고 지구와 달을 비롯한 만유인력의 힘에 따라 움직인다. 이걸 감안해 컴퓨터로 계산하면 다음 시간 우주선의 위치를 예상할 수 있다. 그런데 우주에는 지구와 달 외에도 수많은 물체가 떠 있다. 이것들이 미치는 중력은 미세하겠지만, 우주선의 궤도 계산에 오차를 유발한다. 관측도 불완전하기는 마찬가지다. 우주선의 센서가 보내 주는 방위각 등 관측자료는 우주선의 위치에 대한 제한적인 정보에 불과하고 오차가 따른다. 그래서 NASA는 최신 관측자료에 근접하도록 모델의 위치를 적절히 수정하는 과정을 반복해 우주선의 궤도를 추적하고 제어할 수 있었다. 이 방법을 제안한 수학자의 이름을 따서 '칼만 필터(Kalman filter)'라고 부른다. 여기서 필터는 예측 궤도에

우주 탐사선의 궤도 제어 과정. 미국 항공우주국(NASA)에서 이론적으로 계산한 예상 위치(파란 점)와 우주선의 센서에서 관측한 방위각 위치 정보(빨간 점)를 비교하여 우주선의 궤도(파란 점선)를 수정해 가며 이상적인 궤도(참값, 녹색 실선)에 근접하도록 유도한다.

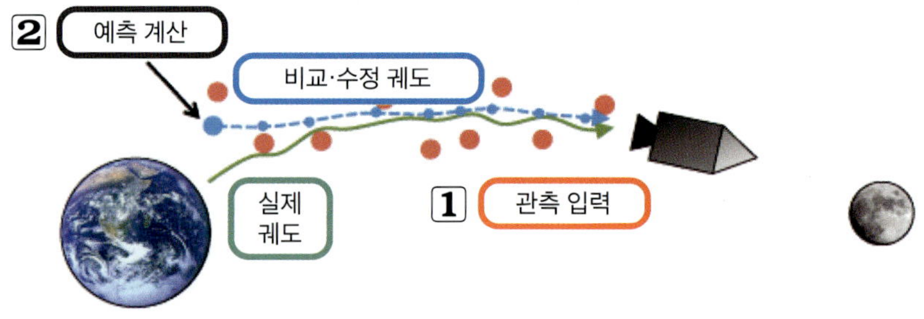

섞여 있는 잡음 또는 오차를, 관측 정보를 이용해서 여과한다는 취지다.

수치예보도 유사한 과정을 거친다. 현재 t_0 시각을 기점으로 계산한 $t_0+\Delta t$ 시각의 모델 예측장은 Δt 시간이 지나면 다시 현재 시점이 된다. 이걸 같은 시점에서 관측한 자료와 비교해 예측장을 관측값에 가까이 가도록 수정한다. 이러한 과정을 반복하면 대기의 실제 모습을 닮은 쌍둥이 지구 대기를 컴퓨터의 가상공간에서 만들어 낼 수 있다. 이 과정을 통해 관측자료가 적절히 섞이면서 모델이 재현한 대기가 현실 대기에 어우러져 간다고 해서 '자료 동화'라고 부른다.

만약 t_0 시각에서 Δt 시각만큼만 예측하는 게 아니라, 계속해서 n번 반복 계산하면 $t_0+n\Delta t$ 시각의 기상 상태를 예측할 수 있다. Δt가 1분이고 n=8,640회라면, 수치예상도에서와 같이 앞으로 6일 후의 기상 예측장을 얻게 된다. 같은 방식으로 n을 계속 늘려 나가면 원론적으로 더 먼 미래의 기상 상태도 예측할 수 있다. 문제는 정확도다. 시간이 지나면서 예측 정확도가 빠르게 하락한다. "런던에서 나비가 날갯짓하면 며칠 후에 우리나라에 폭풍우가 온다"는 카오스 비평가의 입담을 다른 말로 바꾸어 보면, 처음에는 매우 미약한 계산 오류라도 시간이 지나면 걷잡을 수 없이 커지면서 예측장을 오염시킨다는 뜻이다. 기압계가 급변한다든지 폭풍우가 거세지는 기상 패턴에서는 예측 기간이 더욱 짧아진다. 현재 기술 수준으로는 컴퓨터를 이용해서 앞으로 7~10일 정도 앞의 기상 흐름을 무리 없이 내다볼 수 있다. 스마트폰의 기상청 날씨 앱에서 열흘까지만 일기예보를 보여 주는 것도 같은 맥락이다.

예측계산은 운동의 크기에 따라 큰 운동과 작은 운동으로 구분해 취급한다. 크기를 나누는 기준은 모델의 해상도다. 가두리 양식장에 커다란 그물을 바닷속에 설치하고 그 안에서 살아가는 물고기들의 생태를 연구한다고 가정해 보자. 그물코보다 큰 고기는 그물망 안에 갇혀 지내겠지만, 이보다 작은 고기는 그물망 안과 밖을 자유롭게 오갈 거다. 생태학자는 그물망 안에서 뛰노는 고래나 상어 같은 대형 물고기는 물론이고 고등어나 오징어 같은 보통 물고기들이 먹이 사슬에 따라 서로 물고 물리고, 그러다 잡아먹고 먹히는 과정을 자세히 살필 수 있을 것이다. 반면 이것들은 수시로 그물코 사이를 넘나드는 작은 물고기나 플랑크톤을 먹기도 할 텐데, 작은 생명체들은 시간과 장소에 따라 아무렇게나 들락날락하므로 일일이 추적하기 어렵다. 대신 생태학자는 매년 그물코 안으로 들어오는 작은 물고기의 평균 유입량을 이용해 이게 양식장 내부의 큰 고기의 성장에 미치는 효과를 따져 볼 수는 있을 것이다.

마찬가지로 수치예보모델에서도 해상도보다 작은 대기의 운동이 큰 운동에 어떤 영향을 미칠지 그 통계적 영향 정도만을 어렴풋이 계산할 수밖에 없다. 봄철 지면에서 모락모락 피어오르는 아지랑이, 바람이 산악 위를 흐르며 일으키는 파동, 한여름 솟아오르는 소나기구름, 고공으로 순항하는 여객기를 흔드는 난기류 등은 수치예보모델이 직접 다루기 힘든 작은 운동들이다. 그럼에도 불구하고 이것들이 큰 운동에 미치는 통계적 영향을 얼마나 잘 반영하느냐가 수치예보모델의 성능을 상당 부분 좌우한다. 그런데 그물코의 크기가 달라지면 그 안에 갇힌 고기의 크기와 종류가 달라지듯이, 모델의 해상도가 높아지면 별도로 다뤄야 할 작은 운동의 크기와 종류가 달라져 모델의 계산 과정을 대폭 손질하지 않으면 안 된다. 이번에 해상도를 8km로 업그레이드하면서 기상청은 특히 소나기구름의 계산 과정을 고해상

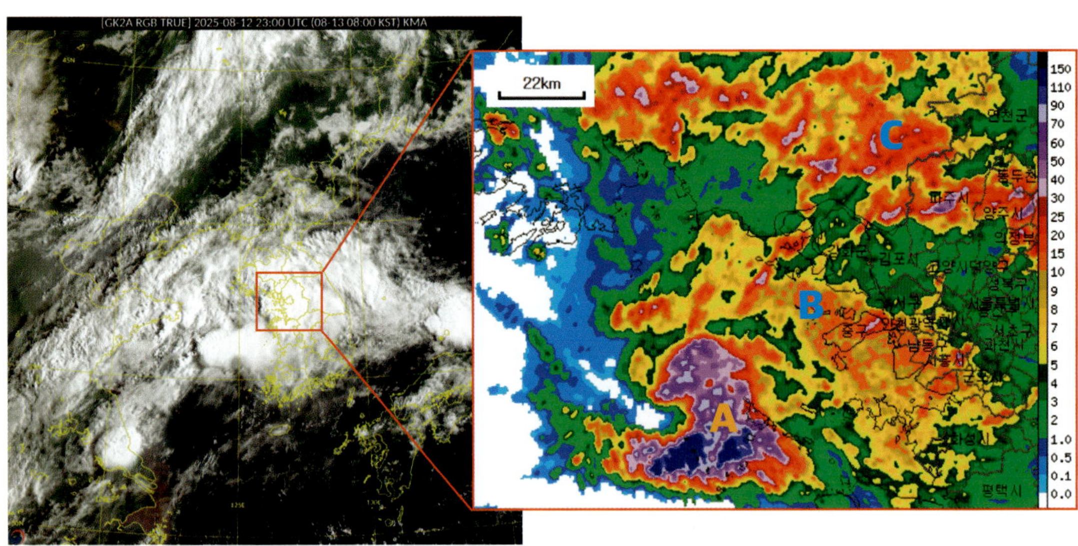

경기 북부(네모 구역)에 집중호우가 쏟아진 2025년 8월 13일 아침의 기상 영상(왼쪽)과 기상 레이더 강수 강도(mm/hr, 오른쪽). 레이더 영상에는 A, B, C의 강수 띠가 보인다. 특히 A 구역에서는 지름이 10km도 안 되는 2개의 강낭콩 모양의 구름에서 시간당 100mm가 넘는 극한호우가 쏟아졌다. B와 C의 강수 구역은 폭이 20km 내외의 기다란 띠 모양에서 시간당 20~40mm의 세찬 비가 쏟아졌다. 그 안에서도 강한 비가 내리는 구역은 폭이 10km가 안 된다.
© 기상청

도에 걸맞게 보완했다.

✦ 호우와 폭설은 어떻게 예측할 수 있나?

2025년 여름철 곳곳에 시간당 150mm 이상의 극한 호우가 쏟아졌다. 하늘 위로 높게 발달한 소나기구름에서 이런 세찬 비가 내리는데, 한 개의 소나기구름은 지름이 10km 안팎이고 수명이 30분 남짓하다.

겨울철에는 북쪽에서 찬 공기가 내려와 바닥에 깔려 대기가 안정해 좀처럼 소나기구름을 보기 어렵다. 하지만 시베리아 찬 공기가 따뜻한 서해 위를 건너다 보면 대기가 불안정해지며 키가 작은 소낙성 눈구름이 발달해 서해안으로 밀려든다. 이런 때는 겨울철이라도 간혹 천둥소리와 함께 한두 시간 동안 5~10cm 정도 폭설이 쌓이기도 한다.

그렇다면 한국형 수치예보모델로 호우나 폭설을 가져오는 소나기구름을 다룰 수 있을까? 먼저 모델의 해상도를 따져 보자. 모델의 격자 간격 8km는 개별 소나기구름의 크기와 엇비슷하다. 앞서 가두리 양식장의 비유로 되돌아가 보면, 소나기구름은 그물코에 걸릴락 말락 하게 어중간한 고기에 해당한다. 문제는 여기서 끝나지 않는다. 모델은 예측계산 과정에서 크고 작은 잡음을 만들어 내는데, 이것들이 작은 운동의 식별 능력을 현저하게 떨어뜨린다. 그래서 모델의 명목적 해상도는 8km라 하더라도, 실질적으로 유효한 해상도는 40km 정도가 된다. 그래서 모델의 유효 해상도로 보면, 개별 소나기구름은 그물코에 걸리기 어렵게 된다. 기상청에서는 동아시아 영역에서 그물코가 3km인 모델도 운영 중이지만, 이 역시 유효 해상도는 15km 이상 되므로 개별 소나기구름을 다루는 데 역부족이다.

소나기구름은 돌발적이다. 옥수수알 더미에서 여기저기 팝콘이 터지듯이, 소나기구름이 언제 어디서 발달할지 소멸할지 알기 어렵다. 그래서 소나기구름이 만들어 내는 기습 호우를 두고 '게릴라성 호우'라는 신조어도 생겨났다. 소나기구름이 관여하는 호우를 예측하는 어려움은 불확정성의 원리에 빗대어 볼 수 있다. 호우 시점과 강도를 동시에 챙기기 어렵다는 말이다. 호우를 멀리 예측하려면 대신 강수량을 포기해야 한다. 하루 뒤에 강한 비가 올 가능성이 있지만, 얼마나 올지는 알기 어렵다. 반면 코앞의 호우는 자세하게 강우 강도(mm/hr)를 말해 줄 수 있지만, 현재 진행 중인 상황 중계라서 예보라고 보기 어렵다. 물론 기상 패턴이 맞아떨어져 소나기구름이 한곳에서 줄이어 발달하며 몇 시간이고 같은 지역을 지나가거나, 맞바람이 산악에 부딪혀 오래도록 강한 비가 이어질 때는 한나절 전에라도 호우를 정량적으로 예측해 볼 수 있겠지만, 흔한 일은 아니다.

예측이 힘들다 치면 관측은 용이할까? 인지심리학에서는 사람이 세상을 보는 게 감각이 다가 아니라고 한다. 눈의 망막을 두드리는 건 조각난 파편이지만, 머릿속에 이미 새겨 놓은 그림판에 관측 조각을 짜 맞추어 바깥 세상을 본다는 뜻이다. 수치예보에서는 모델이 머릿속의 그림판 역할을 한다. 기상 레이더에서 비구름 속의 강한 강수대를 포착하고 기상위성에서 두리뭉실한 구름대의 모습을 탐측하더라도, 이것들은 눈 감고 코끼리 다리를 만지듯이 관측 파편에 불과하다. 모델이 전개되는 폭풍우의 입체적인 모습을 그려 주어야, 관측 파편을 그 위에 끼워 맞추어 실제 폭풍우의 전모를 파악하게 된다. 하지만 모델이 소나기구름 속에 떠 있는 수많은 물방울, 얼음 입자, 빗방울, 눈송이의 자세한 크기 분포를 제대로 그려 내지 못하므로, 레이더 자료를 십분 활용하는 데 한계가 있다. 그래서 현재 과학기술로는 다른 나라와 마찬가지로 우리나라도 사전에 극한 호우를 예측하기 어렵다. 집중호우나 폭설을 사전에 예고하려면 모델에서 부족한 부분을 예보관의 경험과 지식으로 보충할 수밖에 없다.

소나기구름은 수시로 돌변하고, 관측은 공백이 있고, 모델은 불완전하다면 어떻게 호우나 폭설에 대비해야 할까? 당분간은 기상청이 제공하는 호우 긴급재난문자 서비스를 이용하는 게 최선이다. 예보 담당자가 강수량과 기상 레이더 영상을 비롯해 다양한 관측자료를 종합하여 현지 강수 상황을 확인한 뒤 실황 중계하듯이 긴급문자를 내보내면, 이를 받아 본 호우 지역 주민은 즉각 대피하게 된다. 하지만 계곡의 돌발홍수나 산사태는 순식간에 사람을 덮치고, 하천 저지대나 지하실에는 순간 물이 차오르므로 대비할 시

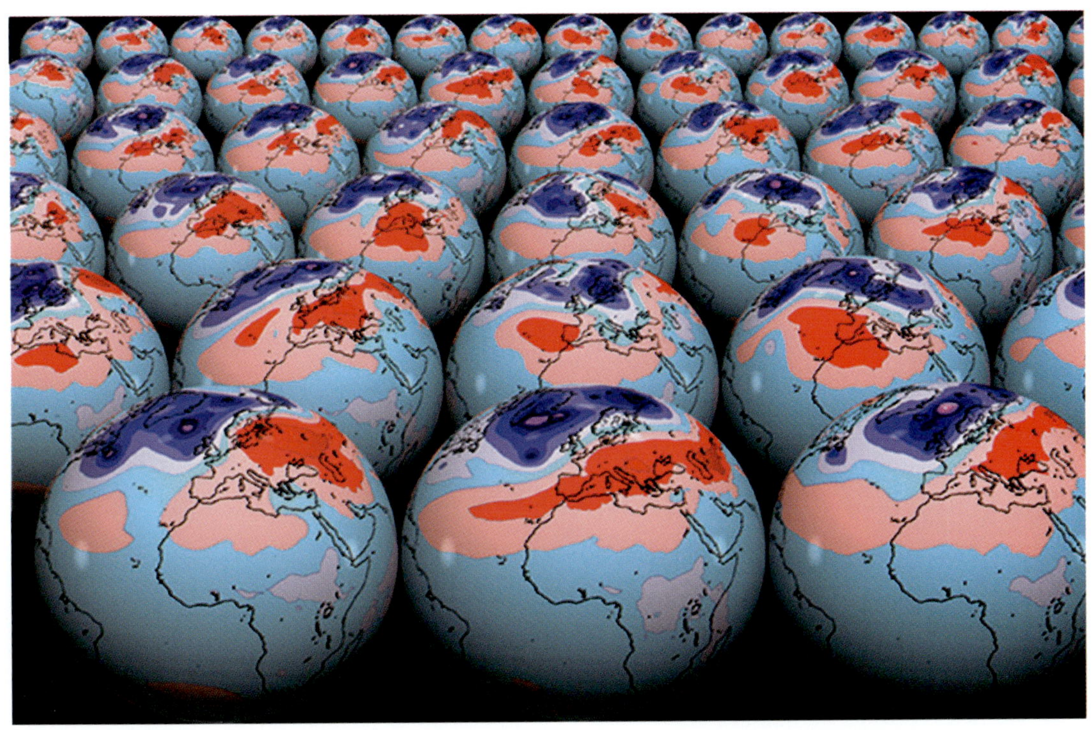

간을 주어야 피해를 줄일 수 있다.

　　호우나 폭설은 멀리 예보하려 할수록 정확도가 빠르게 떨어진다고 하더라도, 이로 인해 큰 위험이 발생할 가능성이 있다면 한시라도 빨리 필요한 곳에 알려 주는 게 상책이다. 이럴 때 예보의 불확실성 정도를 확률로 알려 준다면, 불완전한 예보라도 받아 쓰는 사람이 유용하게 활용할 수 있다. 이를테면 내일 새벽 어느 곳에 집중호우 가능성이 30% 정도 있다고 시청에 일러준다면, 시 방재 담당자는 이 예보가 틀릴 수도 있겠지만 만약 맞아떨어질 때를 대비해서 시의 비상 인력을 어느 정도 대기해 두고 해당 저지대의 안전 점검을 미리 해 둘 테니 말이다.

　　그렇다면 예보대로 호우나 폭설이 나타날 확률은 어떻게 추정할 수 있을까? 수치예보 과정에서 석연치 않은 부분을 찾아내 거기에 다양한 경우의 수를 상정해 보면 된다. 소나기구름에 수증기 연료를 대는 남풍의 풍속 값이 20m/s로 관측됐는데 이 값이 이상하다고 여겨진다면, 대신 25m/s나 15m/s

도 모델에 넣어 본다거나, 모델에서 소나기구름의 작은 운동을 계산하는 모듈에 결함이 많다고 하면, 이 모듈의 핵심 매개변수를 다양하게 변화시켜 가면서 계산해 보는 식이다. 입력값이나 계산 값이 달라지면 최종 예측 결과도 달라지므로 다양한 예측 시나리오를 얻게 된다. 이 시나리오들이 크게 벌어지면 그만큼 예보의 난도가 높고, 예측 실패 확률도 크다는 뜻이다.

기상 커뮤니티에서는 이런 방식을 두고 '앙상블 예측 기법'이라고 말한다. 바이올린, 비올라, 첼로 연주자가 같은 선율을 연주해도 악기마다 음색이 달라 느낌이 달라지듯이, 모델의 앙상블에서는 입력한 관측자료나 계산 기법이 조금씩 달라지며 다른 예측 결과가 나오는 걸 빗댄 거다. 현악 앙상블에서 악기마다 제소리를 낼 때 화성이 어우러지듯, 모델의 앙상블도 입력 자료나 계산 방식이 다양하고 각기 독립적인 '소리'를 낼 때 균형 잡힌 예보 시나리오가 만들어진다. 한국형 수치예보모델에서는 25개의 예측 시나리오를 생산하고, 이걸 토대로 모델의 강수량 예보의 불확실성을 산정하게 된다.

◆ 수치예보모델은 인공지능이 따라야 할 훈련 교본

한반도의 날씨에만 초점을 맞추다 보면 수치예보모델이 제공하는 다양한 정보의 가치를 잊고 지내기에 십상이다. 하지만 한국형 수치예보모델에서는 지구 전역의 날씨를 8km 거리마다 하나씩 매분 단위로 계산한다. 지구 대기의 전모를 앞으로 12일 동안 파노라마 사진으로 펼쳐 놓는다면, 1만 7,000장이 넘는다. 한 장의 파노라마 사진에는 2억 개의 픽셀마다 기온, 습도, 바람, 기압 같은 기상요소가 들어차 있다. 나아가 구름, 강수의 양과 형태, 난류와 돌풍의 세기, 바다 위의 파도에 이르기까지 우리가 체감하는 물리 요소도 함께 들어 있다. 이걸 동영상으로 돌려 보면 12일간의 고해상도 날씨 영화가 된다. 여기에 가상의 인물, 예를 들면 기상 캐스터가 증강현실로 함께 등장하면, 실감 나는 일기해설이 된다. 다른 나라에서는 이미 일기예보에 이러한 방식을 일부 쓰고 있다. 스튜디오에 서 있는 기상 캐스터가

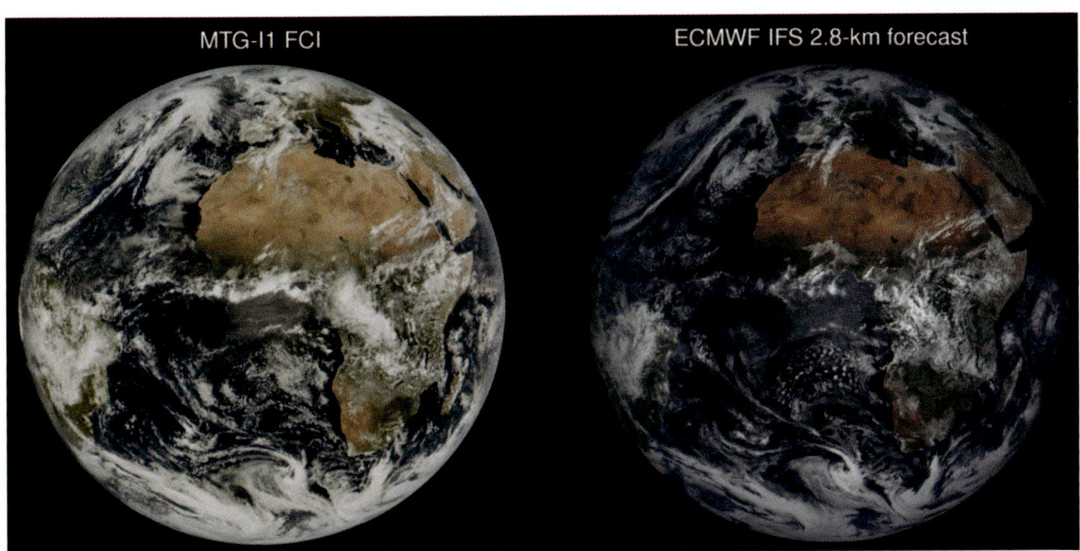

마치 지구 반대편의 폭풍우 현장에 파견 나가 있듯이 생동감 있게 해설하는 느낌이 들게 한다.

　모델이 거쳐 간 지난날의 파노라마 사진을 모아 놓으면 정교한 날씨 다큐멘터리가 된다. 일종의 기후자료다. 물론 관측자료를 오래 모아 두어도 기후자료가 되지만, 모델의 기후자료보다 다루기가 훨씬 까다롭다. 관측자료에는 여러 지역에서 다른 시각에 관측한 자료가 섞여 있다. 자료마다 측정하는 요소가 다르고, 정확도가 다르다. 관측자료 공백이 매우 심해 이걸 메꾸는 게 큰 부담이다. 반면 모델 기후는 미리 정해 놓은 계산점마다 촘촘하게 일정 시간 간격으로 자료가 정렬돼 있다. 수치예보 과정을 거치는 동안 불량한 자료도 이미 걸러져 품질에 대한 걱정도 덜하다. 기후자료의 품질을 높이려면 모델이 지구 시스템을 구성하는 요소 간 상호작용 과정을 더욱 정교하게 모사해야 한다. 유럽연합은 수치예보모델을 근간으로 대기와 맞닿은 지면과 산림, 해양, 극지 빙권, 고공의 이온층에 이르기까지 다양한 지구 시스템 요소의 상호작용 과정을 예측계산에 반영해 현실 기후를 모사하려는 연구 사업을 진행하는 중이다. 기상청도 차세대 수치예보모델 개발 사업을 통해서 수치예보모델 안에 지구 시스템의 여러 요소를 통합하는 연구를

유럽연합의 쌍둥이 지구 연구 사업의 일환으로, 유럽 정지궤도 기상위성(MTG-I1)에서 탐측한 구름 분포(왼쪽)와 유럽중기예보센터(ECMWF)가 격자 간격이 2.8km인 고해상도 전 지구 수치예보모델로 모사한 구름 분포(오른쪽). 고해상도 모델이 계산한 구름의 모습이 관측과 많이 닮아 있다.

ⓒ 유럽환경위성 프로그램 홈페이지

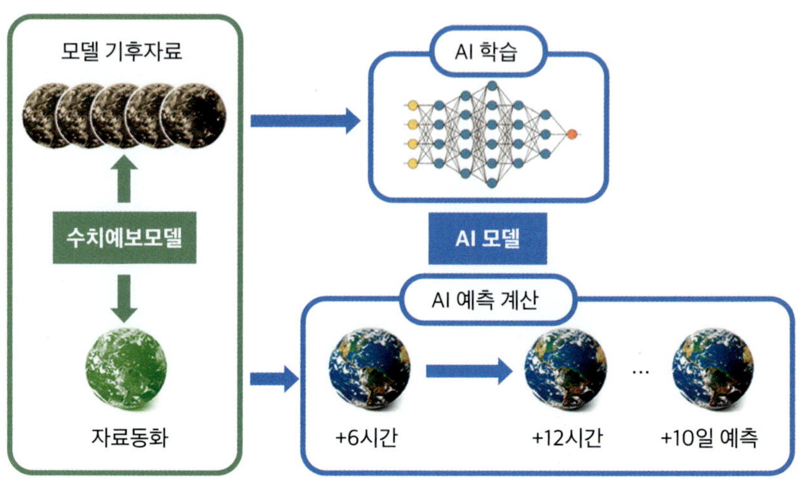

수치예보모델과 AI 모델의 공생 관계. 수치예보모델에서 자료 동화 과정을 거쳐 산출된 모델 기후자료가 AI 모델의 기계 학습에 쓰인다. 이렇게 만들어진 AI 모델을 수치예보모델의 초기장에 적용하면, 빠르게 예측 결과를 얻을 수 있다.

진행하고 있다.

요즈음 인공지능을 기상예측 분야에 응용하는 과학자들은 대부분 수치예보모델의 기후자료를 갖다 쓴다. 이 자료를 학습해 인공지능으로 기상을 예측하는 AI 모델이 만들어진다. AI 모델이 일부 검증지표에서 수치예보모델에 비교해 손색이 없다는 연구 결과도 나와 있다. 소형 컴퓨터로도 계산할 수 있고 전력 비용도 저렴한 데다, 예측 결과를 빠르게 얻을 수 있어 경제적이기까지 하다. 호우나 폭설처럼 촌각을 다투는 시간과의 싸움에서 조금이라도 일찍 예측 결과가 나온다는 건 고무적이다.

다만 눈에 띄는 약점이라면 AI 모델은 훈련 자료에 들어 있지 않은 특이 기상 현상을 다루기 어렵고, AI 모델 내부는 블랙박스라서 좋은 결과가 나와도 왜 그런 것인지 과학적으로 설명하기도 어렵다. 또 AI 모델은 아직 강수량과 같은 구체적인 날씨 요소를 직접 예측하는 건 아니라서 용도가 제한적이다. 그럼에도 불구하고 AI 기술의 발전 속도가 빨라 앞으로 어디까지 수치예보모델을 따라잡을지 귀추가 주목된다.

수치예보 전 과정을 놓고 볼 때, AI 모델은 예측계산 분야에서 빠르게 향상되고 있지만, 관측자료를 직접 활용해 현재 기상 상태를 입체적으로 분석하는 자료 동화 분야에서는 발전 속도가 더딘 편이다. 당분간은 수치예보모델로 생산해 낸 기후자료가 AI 모델의 자료 학습을 지원할 것으로 보인다.

AI 모델로 집중호우나 폭설을 예측하려면, 수치예보모델의 해상도가 수백 미터(m)까지 정교해져야 하고 이에 걸맞게 수치예보모델의 계산 방법도 고도화돼야 한다는 얘기다. 더욱이 AI 모델이라고 100% 자료에만 의존하기보다는 우리가 이미 알고 있는 이론이나 지식을 적절하게 가미하고 있다. 따라서 수치예보의 발전 과정에서 축적한 과학적 토대는 AI 모델의 발전에 필요한 자양분이기도 하다. 앞으로 상당 기간 수치예보모델과 AI 모델은 상부상조하면서 동반자적 관계로 나아갈 것으로 전망된다.

미터 협약 150주년

이창욱

KAIST 생명과학과에서 공부했고, 서울대학교 과학사 및 과학철학 협동과정에서 한국의 과학영재교육을 주제로 석사 학위를 받았다. 2018년부터 《어린이과학동아》를 거쳐 《과학동아》에서 과학 기사를 쓰고 있으며, 현재 《과학동아》 부편집장을 맡고 있다. 저서로 『한입에 쏙싹 편의점 과학』, 『웃기려고 한 과학 아닙니다』가 있다.

미터법, 세상을 어떻게 바꿔 왔나?

질량 1kg은 몇 파운드(lbs)일까. 2.20462파운드다. 이렇게 다른 단위를 쓴다면 상당히 불편할 것이다.

"키 5.1척에 몸무게 143.3파운드의 이창욱입니다."

건강 검진 중 누군가 이렇게 말한다고 상상해 보라. 모두의 이목이 집중될 것이다. 키 170cm와 몸무게 65kg이라는 평범한 수치를 전혀 평범하지 않게 만드는 범인은 바로 '단위'다. 가끔 특이한 단위를 마주할 때마다 우리는 전 세계 거의 모든 사람이 '미터법'이라는 같은 단위 체계를 쓴다는 사실에 안도하게 된다. 마을과 마을마다도 단위가 달랐던 200여 년 전과 달리 지금은 3개 나라를 제외한 전 세계가 같은 단위를 쓰는 시대다. 그 출발점은 지금으로부터 150년 전인 1875년 5월 20일 프랑스 파리에서 맺어진 '미터 협약(Metre Convention)'이었다. 최초로 맺어진 국제 조약 중 하나로 평가받는 미

터 협약 이후 미터법은 여러 국가로 퍼져 나가며 세계의 경제적, 사회적 흐름
은 물론 과학계에도 지대한 영향을 끼쳤다. 어떻게 인류는 미터법을 만들었
고, 또 어떻게 미터법은 세상을 바꾸었을까? 미터의 시작에는 또 다른 거대
한 역사적 사건이 존재했다. 바로 프랑스 대혁명이었다.

◆ 프랑스 혁명이 만든 미터법

"Une loi, un poids et une mesure(하나의 법, 하나의 무게, 하나의 척도)."

이 말은 프랑스 대혁명 이후 세워진 프랑스 공화정부가 국민에게 한 약
속 중 하나다. 구체제를 타파하고 만들어진 정부가 왜 다른 급한 일을 두고
도량형을 통일하겠다고 언급한 것일까? 도량형의 통일이 그만큼 심각하고
중요한 문제였기 때문이다. 근대 이전까지만 해도 세계적으로 지역에 따라
수많은 다양한 도량형이 쓰였다. 나라와 나라 사이가 아니라 동네와 동네마
다도 길이, 부피, 무게를 재는 단위가 다 달랐다. 예를 들어 구체제 하의 프랑
스에는 약 800개의 이름으로, 25만 개나 되는 도량 단위가 쓰였다는 기록이
남아 있다. 지방은 물론, 마을마다 단위가 달랐다는 불평이 나올 정도였다.

이렇게 다양한 도량형은 한 지역과 다른 지역 사이의 거래를 불편하
게 만드는 원인이 됐다. 기준이 다르니 계산하기도 어려웠고, 상대방을 속이
기도 쉬웠기 때문이다. 25만 개의 단위는 혁명을 통해 근대적 합리성을 전파
할 생각에 몸이 들뜬 계몽주의자들에게는 받아들이기 힘든 불합리성이었다.
나아가 고대의 단위는 권력자가 정하는 경우가 많았다(가장 오래된 길이 단위
중 하나인 '큐빗'이 이집트 파라오의 팔꿈치에서 손가락 끝까지의 길이에서 유래했
다는 점을 생각해 보라). 만민에게 평등을 약속한 프랑스 공화정부가 도량형을
구체제의 권력에서 해방시키는 것만큼 중요한 상징적 행동도 없었던 것이다.

그러니 프랑스 혁명 이후 등장한 프랑스 국민의회가 "영원히 변하지
않을 수치를 기준으로 정의해야 모두에게 평등한 단위가 나온다"고 주장한
것은 자연스러운 일이었다. 그리고 변하지 않을 수치가 비롯될 자연스러운
참조점은 바로 자연이었다. 미터법을 정의하기 위해 모인 프랑스 과학자들

은 자연에서 비롯된 수치가 새로운 단위의 정의가 돼야 한다고 주장했다. 질량의 단위인 킬로그램은 섭씨 4도의 물 1리터의 무게를 기준으로 정하는 식이었다. 길이의 단위인 미터도 마찬가지였다. '북극에서 적도까지의 자오선 길이의 1,000만 분의 1'을 1미터(m)로 정의했다. 지구의 크기를 기준으로 했으니 누가 봐도 평등한 단위였다.

그렇다면 정확한 1m를 알기 위해서 누군가는 자오선의 길이를 직접 측정해야 한다. 여기서 과학사상 가장 대단한 여행이 시작됐다.

◆ 1m를 찾기 위한 여행

1792년 6월 프랑스가 바야흐로 혁명의 불길로 흔들리고 있을 무렵, 두 명의 천문학자가 프랑스 파리에서 서로 반대 방향으로 떠났다. 북쪽으로 향한 장 바티스트 조제프 들랑브르, 남쪽으로 향한 피에르 프랑수아 앙드레 메셍이 '정확한 1m'를 찾기 위한 여행을 시작한 것이다.

앞서 프랑스 과학자들이 정의 내린 1m를 측정하기 위해서는 자오선의 길이를 정확하게 알 필요가 있었다. 그러나 실제로 북극부터 적도의 거리를 재는 건 너무 어려운 일이었고, 대신 프랑스 학자들은 프랑스를 가로지르는

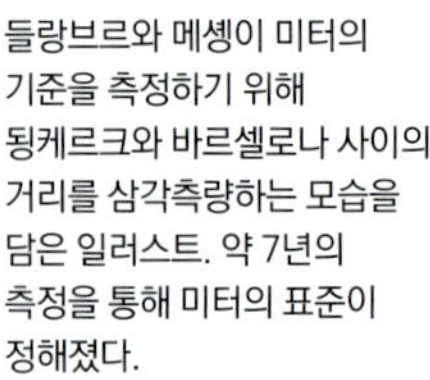

들랑브르와 메셍이 미터의 기준을 측정하기 위해 됭케르크와 바르셀로나 사이의 거리를 삼각측량하는 모습을 담은 일러스트. 약 7년의 측정을 통해 미터의 표준이 정해졌다.
ⓒ 미국 국립표준기술연구소(NIST)

프랑스 파리 보지라르 거리의
벽에 박혀 있는 '미터'.
미터법이 도입된 이후 파리
여기저기에 사람들이 측정할 수
있도록 표준 미터가 설치됐다.
© wikipedia/Ken Eckert

기다란 직선을 측량해, 이 직선의 길이를 이용해 북극에서 자오선까지의 길이를 산출하기로 했다. 이를 위해 두 천문학자는 북쪽으로는 됭케르크, 남쪽으로는 바르셀로나에 이르는 거리를 삼각측량하기로 한 것이다.

측량은 쉬운 일이 아니었다. 켄 앨더의 저서 『만물의 척도』에 따르면 두 학자는 임무 수행을 위해 우아한 성당 첨탑 꼭대기는 물론 위험한 화산 꼭대기, 심지어는 단두대에까지 올라야 했다. 모두 측량하기에 적합한, 높고 시야가 트인 지점을 확보하기 위한 선택이었다. 여기다 당대의 혼란스러운 정국도 그들의 작업을 방해했다. 혁명의 와중에 이상하게 생긴 과학 기구를 들고 여행하는 사람들이 지역민들과 군인들에게 좋게 보였을 리 없다. 둘은 자오선 호의 양 끝 지점에 도착한 후, 다시 프랑스를 가로질러 돌아왔다. 애초 1년 정도로 잡았던 이 측량 계획은 두 학자가 질병에 걸리고 감옥에 갇혔다 풀려나는 등의 역경을 겪은 후, 훨씬 뒤인 1799년에서야 마무리되게 된다. 이 측정을 통해 1m의 정확한 수치가 정해졌고, 이 수치를 기반으로 백금 원기가 만들어졌다. 미터법의 기반이 마련된 것이다(둘의 측정에 오차가 있었다는 것이 알려지는 것은 훨씬 나중 일이다).

이후 새로 프랑스의 지배자가 된 나폴레옹 보나파르트는 미터법의 제정에 관해, "정복은 순간이지만 이 업적은 영원하리라"라는 말을 남겼다. "영원하리라"라는 이 말은 절반은 맞고, 절반은 틀렸다. 미터법은 이후로 미터협약을 통해 세계로 전파되며 인류에게 영원한 것이 된 동시에, 미터의 정의는 이후로도 꾸준히 변했기 때문이다.

✦ 세계를 하나의 단위로 통합하다

1799년 프랑스에서 처음으로 미터법이 공식적으로 도입됐다. 프랑스 내부에서 단위를 통일하려는 움직임이 시작된 것이다. 그러나 미터법이 정착되기까지는 여러 부침이 있었다. 통일된 도량형을 만들어 달라는 요구만큼 귀찮고 번거로워서 바뀐 도량형을 사용하는 것을 반대하는 움직임도 컸기 때문이다(프랑스가 사상 최초로 미터법을 받아들인 국가인 동시에, 사상 최초로 미터법을 폐지한 국가가 된 이유이기도 하다). 미터법은 이후 약 1세기 동안 폐지와 재도입을 반복하며 우여곡절을 겪었고, 점차 프랑스와 프랑스의 영향력 내에 있었던 주변 국가로 확산됐다.

미터법은 첫 도입 후 76년째인 1875년 거대한 도약을 맞았다. 그해 5월 20일 프랑스를 포함한 세계 17개국이 같은 미터법을 국제 표준으로 합의한 협약을 맺은 것이다. 이것이 국제적 단위 통합의 출발점이 된 '미터 협약'이다. 미터 협약에서 정해진 기본 단위는 미터(길이), 킬로그램(질량) 두 개였다. 두 단위는 각각 미터와 킬로그램의 기준이 되는 원기를 만들어 정의하기로 했다. 킬로그램 원기는 이때 40개가 만들어져 전 세계에 배포됐다.

미터 협약을 기점으로 미터법은 전 세계로 퍼졌다. 물론 프랑스의 사례처럼 미터법은 세계 각지에서 저항에 부딪쳤다. 단위 체계의 변화가 단순한

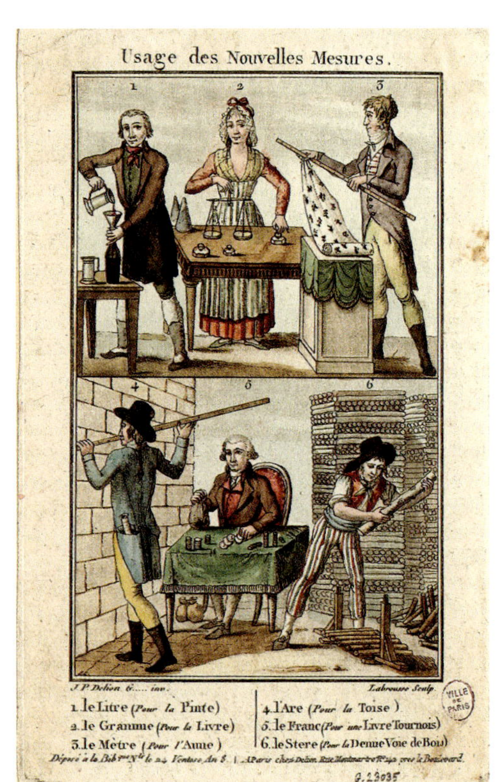

1800년 프랑스에서 인쇄된 목판화. 미터, 그램은 물론 리터, 아르, 프랑처럼 새로 도입된 미터법 단위를 소개하고 있다.
© wikipedia/Paris Musees/L. F. Labrousse, J. P. Delion

합리성의 문제가 아니라 정치적 문제이기도 했기 때문이다. 아시아와 아프리카에서는 미터법이 '식민화와 반식민화의 물결 속에서' 도입됐다. 때로는 식민지 지배자들의 지배 논리에 따라, 때로는 식민 상태에서 벗어나 국가를 개혁해야 한다는 민족 지도자들의 논리에 따라 채택된 것이다. 심지어 유럽에서도 전통적 단위는 오랫동안 쓰였다. 프랑스에서도 20세기 중반까지 전통적 단위가 혼용됐고, 영국은 1970년대 유럽 경제 공동체(EEC)에 가입하기 전까지 미터법 수용을 미뤘다.

한반도 또한 변화의 물결에 휩쓸린 지역 중 하나였다. 한반도에 미터법이 들어온 것은 생각보다 이른 대한제국 시기다. 1905년 대한제국은 고유 단위인 결부속파법(結負束把法)에 미터법을 적용한 도량형 규칙을 대한제국 법률 제1호로 선포했다. 이와 관련해, 한국에 보관 중인 원기의 역사적 기원도 지금까지 여러 이야기가 오가는 주제다. 대전 한국표준과학연구원(KRISS)이 보관 중인 39번 킬로그램 원기가 그 주인공이다. 처음으로 만들어진 40개의 원기 중 하나인 39번 원기는 그 역사적 중요성이 높은 유물이다. 원래 이 원기는 "고종 시기 대한제국이 구매해 보관하다 일제강점기 일본으로 넘어갔다" "한국전쟁 당시 서울을 점령한 북한군이 쓰레기통에 버렸다" 등등의 이야기가 많았다. 대한제국 법률 제1호에 도량형의 원기가 백금제 막대와 분동이고, 농상공부 대신이 보관한다는 기술이 있었다는 것이 그 근거다.

다만, 이 이야기들은 KRISS 측 연구자들이 일본 측에 공문서를 보내 조회해 본 결과로서 근거가 부족한 편이다. 현재까지는 1894년 일본이 구입해 보관하다 1958년 한국으로 넘어왔다는 것이 정설이다. 그럼에도 39번 원기는 여전히 중요하다. 원기가 들어오고 1년 후인 1959년 대한민국이 미터 협약에 가입해 가맹국이 됐다. 그리고 1964년 계량법이 지정되면서 전통 단위를 개혁하고 미터법이 전면 실시되기 시작했다. 대한민국은 이후에도 72번(1989년 배정), 84번(2003년 배정), 111번(2017년 배정) 원기 등 여러 원기를 구매했다. 한국 측정학의 맨 처음에 근현대사의 질곡을 가득 품은 39번 원기가 있었던 셈이다.

전통 단위 개혁에 수반됐을 다양한 저항을 고려했을 때, 현재 전 세계에서 미터법을 공식적으로 쓰지 않는 나라가 세 군데밖에 없다는 것은 놀랄 만한 미터법의 승리라고밖에 볼 수 없을 것이다. 프랑스 계몽주의자들의 합리적 이상이 정치적으로는 거의 완전한 승리를 거둔 셈이다.

✦ 끝없이 확장하는 측정의 세계

왜 미국은 미터법을 쓰지 않을까?

현재 전 세계에서 미터법을 공식적으로 쓰지 않는 나라는 미얀마, 라이베리아, 미국 이렇게 세 곳이다. 다른 국가는 몰라도, 세계적 강국인 미국이 미터법을 사용하지 않는 것은 놀라운 일이다. 미국은 아직도 인치, 피트, 야드, 마일을 활용하는 미국 단위계를 사용한다. 실제로 미터법을 사용하지 않

미터법과 야드파운드법의 단위 혼용으로 화성 대기에서 파괴된 '화성 기후 궤도선'.
© NASA/JPL/Corby Waste

아 큰 피해를 겪기도 했다. 대표적인 사례가 미국항공우주국(NASA)이 발사한 '화성 기후 궤도선(Mars Climate Orbiter)'이다. 이 탐사선은 1999년 9월 화성 궤도에 진입하던 도중 파괴됐는데, 진상 조사 결과 탐사선을 제작한 록히드 마틴이 야드파운드법을 사용하고 NASA는 미터법을 사용하면서 단위 혼용이 일어났다는 사실이 드러났다. 단위의 차이로 대기권 진입 고도가 달라지는 바람에 궤도선이 파괴된 것이다.

미국이 주 정부 차원에서, 연방 정부 차원에서 미터법을 도입하려고 노력하지 않은 것은 아니다. 그러나 그 노력은 항상 성공을 거두지 못했다. 켄 앨더는 미국이 미터법을 쓰지 않는 이유가 역설적이게도 '미국의 현대성'에 있다고 지적했다. 영국의 식민지에서 독립한 미국은 봉건 제도의 영향을 받지 않았기 때문에 도량형이 비교적 일찍부터 통일되어 있었다. 미국은 탄생 당시부터 통일된 도량형과 경제 체제를 구축해 그 이점을 누려 왔기 때문에 미터법을 받아들일 이유가 크게 없었다는 것이 그의 지적이다. 그런 역사적 배경에서 성장한 미국은 지금도 여전히 고유의 자국 단위계를 사용하는 나라로 남게 됐다.

미터 협약이 전 세계로 퍼지며 미터법을 불멸의 단위로 만들었지만, 동시에 미터법 자체는 꾸준한 내부적 변화를 거쳤다. 그 내부적 변화의 중요한 동기는 과학적인 이유였다. 과학의 발전으로 단위가 더 많은 물리 현상을 더 정확하게 측정하는 방향으로 움직인 것이다.

새로운 과학 분야에는 자연스레 새 단위 체계가 필요했다. 대표적인 사례가 전기 측정 단위인 암페어다. 이미 19세기 중반부터 전자기 현상을 연구하던 유럽 물리학자들은 전자기 현상을 표현할 새로운 단위의 도입을 고민하기 시작했다. 1901년 이탈리아의 물리학자인 지오바니 조르지는 미터, 킬로그램, 초를 기본으로 하는 MKS 단위계에 전기의 기본 단위를 추가하자고 제안했다. 산업혁명의 영향으로 이미 세계 여러 도시에 전기가 보급되는 상황에서, 전기의 기본 단위 도입은 필수 불가결한 임무였다. 암페어는 옴, 볼트, 쿨롱 같은 전기 관련 단위 중 다양한 물리 현상을 수치화해 계산할 수 있는 장점을 가졌다는 이유로 기본 단위로 최종 채택됐다. 이런 식으로 총 7개의 기본 단위가 정해지게 된다.

먼저 1954년 제10차 국제도량형총회에서 기본 단위로 길이 단위인 미터(m)와 질량 단위인 킬로그램(kg)에 4개의 새 기본 단위가 도입됐다. 시간을 재는 초(s), 전류를 재는 단위인 암페어(A), 열역학적 온도를 재는 켈빈(K), 빛의 밝기인 광도를 나타내는 칸델라(cd) 단위였다. 마지막으로 1971년 물질량에 대한 기본 단위로 '몰(mol)'이 추가됐다. 이 기본 단위들은 1960년, 다음으로 열린 제11차 국제도량형총회에서 '국제단위계(SI)'라는 이름을 얻었다. 국제단위계에는 기본 단위의 정의 말고도 접두어, 유도단위, 보충단위 등의 규칙도 정해졌다.

이 중 과학계에 영향을 미칠 만한 부분은 유도단위의 정립이었다. 7개

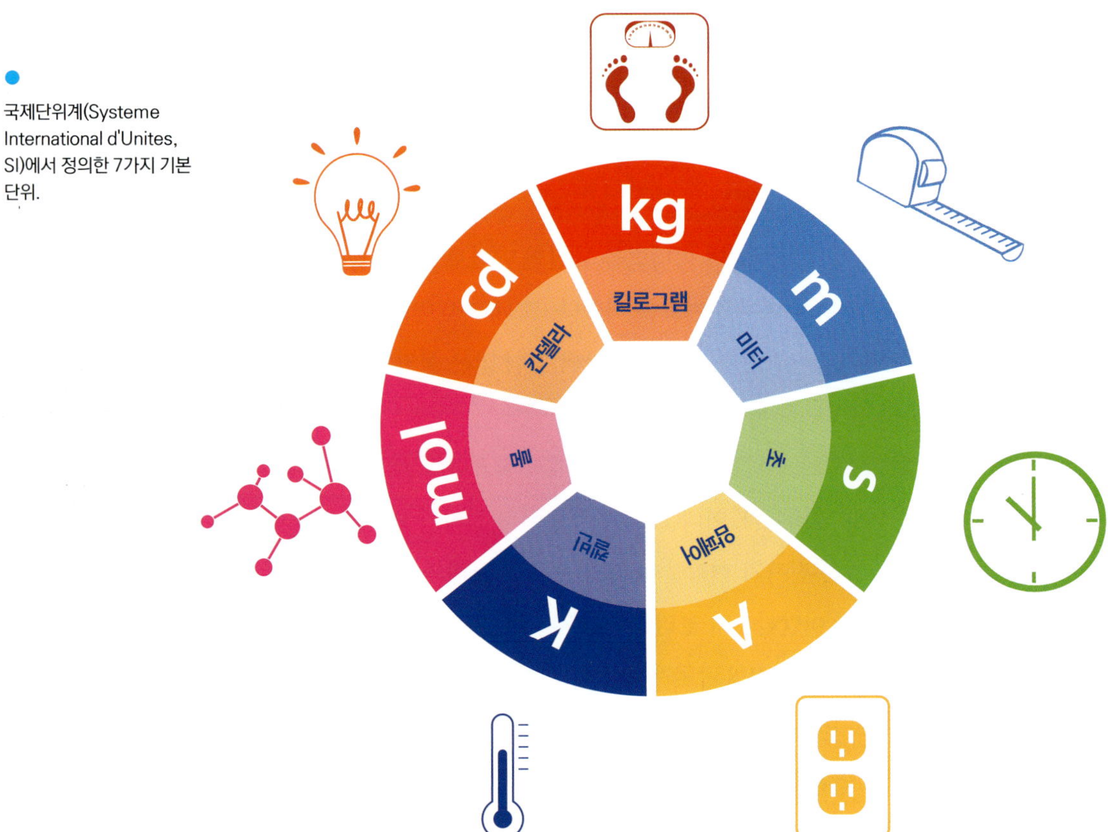

국제단위계(Systeme International d'Unites, SI)에서 정의한 7가지 기본 단위.

의 기본 단위는 서로 큰 연관이 없어 보이지만, 서로 곱하거나 나누어 수많은 유도단위를 만들어 낼 수 있기 때문이었다. 일찍이 1860년대 영국과학진흥협회(BAAS)에서 활동하던 제임스 클러크 맥스웰과 윌리엄 톰슨 등의 물리학자들은 다양한 물리량 단위들이 일관된 기본 단위에서 나올 수 있다는 점을 간파했다. 예를 들어 가장 단순하고도 중요한 유도단위인 '속도'는 단위 시간(s)당 움직인 거리(m), 즉 m/s로 표현할 수 있다. 전하의 단위인 쿨롱(C)은 단위 시간(s)당 흐른 전류(A)가 전달하는 전하량으로, 두 단위의 곱인 A·s와 같다.

그들의 전망은 국제단위계의 유도단위에서 마침내 빛을 발했다. 국제단위계는 힘, 에너지는 물론 자기장 세기, 방사능, 자기력선 밀도까지 수많은 물리량을 측정할 수 있는 22개의 유도단위를 공식화했다. 더욱이 이들 물리량은 국제단위계라는 한 체제 내에서 막힘없이 작동했다. 국제단위계가 우주라는 물리 현상을 읽는 가장 기초적인 알파벳으로 거듭난 것이다.

미터법에서 시작된 기본 단위는 외형적으로 확장되는 동시에, 그 단위 자체도 점점 더 높은 정밀도를 갖추게 됐다. 더욱 정밀한 측정이 가능해지면서 기존의 단위 정의에서 허점이 발견된 것이다. 단위의 발전이 과학에 긍정적인 영향을 미친 것처럼 과학도 단위의 정의를 근본부터 뒤흔들었다. 측정학자들은 흔들리지 않는 미터의 기준을 만들기 위해 '자연 상수'로 눈을 돌렸다.

◆ 변치 않는 기준, 자연 상수를 향해

미터법의 역사에서 2018년은 잊을 수 없는 해로 기록됐다. 그해 열린 제26회 국제도량형총회에서 국제단위계의 정의를 '자연 상수(natural constants)'로 바꾸는 개정안이 최종 의결됐기 때문이다. 바뀐 정의는 2019년부터 적용되기 시작했다.

측정학자들이 만드는 단위의 가장 중요한 목표 중 하나는 '언제 어디서든 변치 않을 것'이다. 누가 재든, 무엇으로 어떻게 재든, 변치 않는 기준을 잡

제26차 국제도량형총회(CGPM)에서 국제단위계(SI)의 7개 기본 단위 중 4개 단위의 재정의에 대해 54개국이 투표했다. 사진은 이 자리에 참석한 미국 대표단.

© NIST/G. Porter

으려 한다. 이 단위의 불변성은 프랑스 대혁명이 추구했던 평등함의 가치와도 이어지지만, 측정 자체의 엄밀함을 보증하기도 한다. 2018년 단위의 정의가 바뀐 이유는 과학기술의 발전으로 더욱 정밀한 측정이 가능해졌기 때문이다. 더욱 정밀한 측정 장비 아래서 기존 단위들의 허점이 발견됐다.

예를 들어 킬로그램의 정의는 인간이 직접 만든 인공물인 '킬로그램 원기'였다. 킬로그램 원기는 백금과 이리듐의 합금으로 만들어지며, 원본은 매우 귀중해서 거의 건드리지 않을 정도다. 그럼에도 불구하고 질량 측정에서 원기의 질량이 조금씩 변했다는 게 밝혀졌다. 1억 분의 6kg 정도로 미세했지만 명확한 오차였다. 긴 세월 동안 원기 표면에 먼지가 쌓이고, 그 먼지를 청소하면서 질량이 변한 것이 원인이었다. 다른 단위도 비슷한 일을 겪었다. 길이의 표준인 미터 원기도 마모나 온도 변화에 의한 팽창과 수축을 겪으며 미세하게 길이가 변하거나 형태가 뒤틀렸다. 1초는 하루(평균 태양일)를 8만 6,400분의 1로 나눠 정의됐다. 그러나 정밀한 시계가 개발되면서 하루의 길이도 조금씩 달라진다는 사실이 발견됐다. 지구의 자전 속도가 대륙판의 이동이나 맨틀의 움직임 등으로 조금씩 바뀔 수 있기 때문이다.

정밀한 측정을 통해 관찰된 이 현상들은 단위의 기준을 원기처럼 사람이 만든 인공물이나 바뀌기 쉬운 자연 현상이 아니라 영원히 변치 않을 자연 상수를 기준으로 바꾸도록 하는 원동력이 됐다. 이미 미터의 경우, 1983년 그 정의가 '진공에서 빛이 299,792,458분의 1초 동안 나아가는 거리'로 바뀐 바 있었다. 자연 상수인 빛의 속도(c)를 고정해, 그에 맞춰 길이의 단위를 정의했다. 이제는 미터 원기가 아니라 빛의 속도를 잘 측정하는 것이 길이를 잘 측정하는 기술이 된 것이다.

2018년의 단위 개정은 남은 기본 단위의 정의 또한 자연 상수에 맞추는 작업이었다. 킬로그램의 정의는 원기를 벗어나 '플랑크 상수'를 전자적으로 정밀하게 측정하는 방식으로 바뀌었다. 물질량은 '아보가드로 수'를, 전류는 '기본전하'를, 온도는 '볼츠만 상수'를 수치적으로 정하고 이에 맞춰 단위를 정의하는 방식으로 변했다.

미터 협약 이후로 가장 큰 변화로 평가받는 이 개정을 통해, 미터법은 드디어 변하지 않는 우주의 정의를 차용한 단위 체계로 거듭났다. 이제 단위는 더 이상 이집트 파라오의 팔 길이나, 깊은 금고 속에 보관된 백금 원기 같은 인공적인 기준에 의존하지 않는다. 대신 우주의 법칙을 구성하는 자연 상수에서 도출된, 변하지 않는 기준에 기반하고 있다. 마침내 '변치 않는' 새로운 단위의 시대가 시작됐다. 그런데 과연 그럴까?

일곱 가지 SI 단위의 종류와 정의

미터(m)

길이의 단위. 초기인 1889년에는 백금과 이리듐으로 만든 국제 원기의 길이를 기준으로 했다. 71년 후인 1960년 원소 크립톤-86의 복사선 파장을 기준으로 한 정의가 새로 도입됐다가, 1983년부터는 '빛의 속도'를 기준으로 정해 현재까지 유지되고 있다. 현재는 빛이 진공에서 1초 동안 이동하는 거리의 2억 9,979만 2,458분의 1을 1m로 정의한다.

킬로그램(kg)

질량의 단위. 킬로그램 또한 미터처럼 1889년 만들어진 국제 킬로그램 원기의 질량으로 정해졌다. 그러나 시간이 지나면서 이 원기의 질량 자체가 변한다는 것이 관찰됐다. 이 오차를 피하기 위해 킬로그램 또한 자연 상수를 기준으로 새롭게 정의하게 됐다. 현재 킬로그램은 '플랑크 상수'를 $6.62607015×10^{-34}$로 고정했을 때 측정을 통해 도출한다.

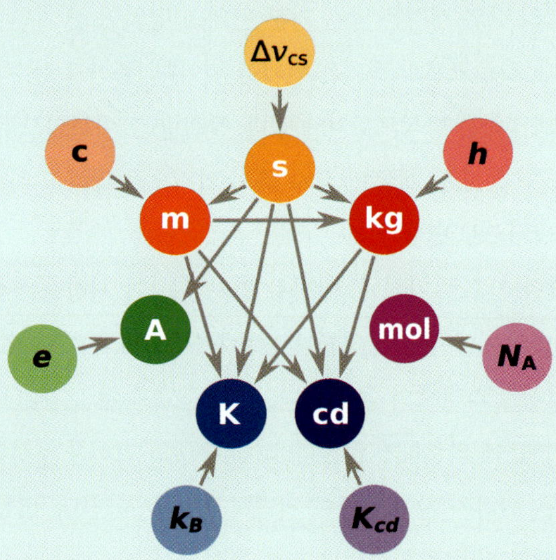

▲
개정된 SI 단위 7개와 7대 자연 상수 사이의 관계. 중간에 있는 7개의 알파벳이 SI 단위를 나타낸다. 각 단위는 바깥에 있는 자연 상수로부터 도출된다. 자연 상수는 맨 위부터 시계방향 순서로 세슘-133 원자 바닥 상태 초미세 에너지 준위 주파수, 플랑크 상수, 아보가드로 수, 시감 효능 상수, 볼츠만 상수, 기본전하, 빛의 속도.
© wikipedia/IngenieroLoco

초(s)

시간의 단위. 1960년 전까지는 평균 태양일의 8만 6,400분의 1로 정의했다. 그러나 지구의 자전이 불규칙해 이 정의가 불충분하다는 것이 밝혀졌다. 수정을 거쳐 1967년 세슘-133 원자를 기준으로 하는 정의가 새롭게 만들어졌다. 현재 시간의 정의는 절대 영도에서 세슘(Cs)-133 원자의 바닥 상태에 있는 초미세 에너지 준위의 주파수(Δν(Cs))를 기준으로 한다. 주파수 차이가 91억 9,263만 1770Hz일 때, 이 주파수의 역수를 1초로 정의한다.

암페어(A)

전류의 단위. 전기 단위는 1893년 미국 시카고에서 열린 국제전기총회에서 도입됐고 이후 국제단위계로 포함됐다. 원래 암페어의 정의에는 '무한히 길고 작은 단면적을 가진 도선'이라는 구현 불가능한 전제조건이 있어서 정의를 바꿔야 했다. 현재 1암페어는 전자 하나의 전하량인 '기본전하'가 초당 약 6.24×10^{18} 개 흐를 때의 전류로 정의한다.

켈빈(K)

열역학 온도의 단위. '절대온도'로도 불리는 켈빈은 원래 물의 삼중점에서의 온도를 273.16K로 정하는 방식으로 정의됐다. 그러나 이를 측정하기 위한 순수한 물을 구하기가 어려웠고, 또한 물의 온도를 직접 측정하는 방법을 찾기 어렵다는 문제가 있었다. 그래서 2018년부터 '볼츠만 상수'를 기반으로 한 새로운 정의가 채택됐다.

칸델라(cd)

빛의 밝기를 나타내는 기본 단위다. 칸델라는 라틴어로 양초(candela)라는 뜻으로, 촛불 하나를 밝기의 단위로 정했다는 점에서 나온 이름이다. 칸델라는 인간이 가장 밝게 느끼는 555nm 파장의 초록색 빛을 봤을 때의 밝기를 고정한 '시감 효능 상수'를 기준으로 정의한다. 같은 에너지의 빛이라도 인간은 파장대에 따라 밝기를 다르게 느끼기 때문이다. 자연 상수를 기준으로 정의된 일곱 SI 단위 중 유일하게 인간의 감각을 반영한 단위다.

몰(mol)

물질의 양을 나타내는 기본 단위. 원자나 분자는 질량이 매우 작아서 기존 킬로 미국 국립표준기술연구소(NIST)에서 2015년 초부터 가동을 시작한 'NIST-4 키블 저울'. 기술 발전을 통해 질량을 정밀하게 측정하는 키블 저울이 만들어졌다. 이 발전은 단위의 정의를 바꿨고, 현재는 키블 저울이 측정하는 플랑크 상수가 킬로그램의 정의로 쓰인다.

© NIST

✦ 단위의 진화는 끝나지 않는다

측정학 연구자들은 앞으로 정의가 바뀔 가능성이 높을 단위를 '시간'으로 점친다. 1초는 1967년 세슘-133 원자의 바닥 상태 전자가 에너지 준위를 이동할 때 방출되는 빛의 진동수를 기준으로 정해졌다. 정확하게는 이 빛의 진동수가 91억 9,263만 1,770번 진동하는 시간을 1초로 정했다. 기본 단위 중에서는 가장 먼저 자연 상수를 바탕으로 정의된 셈이다.

이후로 50년이 넘는 시간 동안 시간 측정 기술은 눈에 띄게 발전했다. 현재는 세슘 원자시계보다도 더 정확하게 시간을 측정할 수 있는 스트론튬, 이터븀 광시계가 만들어지고 있다. 이에 따라 초의 정의도 더 정밀한 방향으로 변신을 앞둔 것이다. 시간의 정의는 2030년으로 예정된 제29회 국제도량형총회(CGPM)에서 바뀔 가능성이 높다.

끊임없는 단위의 변화는 지난 150년 동안 이어진 미터 협약과, 더 오랜 시간 동안 이어진 미터법의 위대함을 다시 한번

상기시킨다. 정치적 혼돈 속에서 계몽주의자들의 이상으로 시작된 미터법은 과학자들의 구상을 통해 구체화됐다. 흔들림 없는 측정을 위한 과학자들의 고민으로 만들어진 미터법은 과학의 발전에 지대한 영향을 미쳤고, 반대로 과학의 발전은 단위의 정의를 근본부터 뒤흔들었다.

지금도 세계의 수많은 측정학자들은 더 정밀한 측정을 위해 연구를 지속하고 있다. 측정 기술이 더 정밀해질수록 우리가 사용하는 미터 또한 더 정밀한 측정을 위해 끝나지 않는 변화를 지속할 것이다.

생체모방의 세계

김청한

인하대학교 컴퓨터공학과를 졸업하고,《파퓰러 사이언스》한국판 기자와 동아사이언스 콘텐츠사업팀 기자를 거쳤다. 음악, 영화, 사람, 음주, 운동처럼 세상을 즐겁게 해 주는 모든 것과 과학 사이의 흥미로운 연관성에 주목하고 있으며, 최신 기술이 어떤 식으로 사람들의 삶을 변화시키는지에 대해 관심이 많다. 지은 책으로는 『과학이슈 11 시리즈』(공저)가 있다.

진화의 산물인 생체 모방하기, 어디까지 가능할까?

마블의 인기 캐릭터인 스파이더맨은 우연히 유전자 조작 거미에게 물린 뒤로 거미와 같은 능력을 갖는다. 몸에서 거미줄을 뿜어내 빌런을 제압하고, 뉴욕 마천루 사이를 자유롭게 활공하는가 하면, 높은 벽이나 천장을 기어다니며 멋진 액션을 보여 주는 것도 가능하다.

사실 거미의 능력은 살아남기 위한 적자생존의 결과물이다. 거미는 적을 압도하는 힘은 없지만, 거미줄과 독을 적절히 활용해 내 집 마련과 음식 조달이라는 두 가지 미션을 동시에 수행할 수 있다. 더불어 일부 거미는 각지 환경에 맞게 접착성 단백질 비율을 조절해 거미줄의 특성을 변화시키며 최적화하는 능력까지 갖췄다.

거미가 아닌 다른 생물 역시 살아남기 위한 나름의 도구를 개발했다. 질긴 가죽을 찢어발기는 날카로운 발톱, 상대를 마비시켜 죽음에 이르게 하는 치명적인 독, 유체역학적으로 저항을 줄이는 몸의 형태처럼 환경에 적응하고 생존하기 위한 생물의 진화는 끝이 없다. 압도적인 힘이나 무기가 없는 인류는 돌, 뼈 등으로 생물의 다양한 특징을 모방하며 생존에 필요한 도구를 만들었으며, 이는 생체모방이라는 개념으로 지금껏 이어지고 있다.

◆ 다빈치로부터 시작된 의지, 라이트 형제로 이어지다

아마도 역사에 기록된 가장 오래된 생체모방공학의 주인공은 르네상스 시대 팔방미인 레오나르도 다빈치(Leonardo da Vinci)일 것이다. '모나리자' '최후의 만찬' 등을 그린 화가이자 생물학과 공학에도 일가견이 있던 다빈치는 자연을 '가장 고귀하고 현명한 스승'으로 모시며 많은 관

하늘을 날기 위해 비행 동물을
모방했던 다빈치의 의지는
오늘날에도 윙렛이라는
이름으로 찾아볼 수 있다.
© Pxhere

찰을 시도했다. 박쥐의 비행 모습을 바탕으로 설계한 '오니숍터'가 유명한데, 날개를 퍼덕이며 양력을 얻어 하늘을 날고자 하는 다빈치의 의지를 담았다. 이러한 의지가 비록 실제 비행으로 이어지진 못했지만, 자연의 비행 메커니즘을 인간이 구현코자 했던 중요한 사례로 남았다.

　하늘을 날고자 했던 다빈치의 의지는 후손들에게 이어졌다. 특히 사진이라는 기술이 등장하며 사람들은 좀 더 정교하게 자연을 모방할 수 있게 됐는데, 정밀한 생물의 움직임을 눈으로 확인함으로써 인류의 오랜 꿈이 현실성을 얻었다. 손재주 좋은 자전거 수리공이었던 라이트 형제는 새가 비행하며 날개 끝부분 각도를 의도적으로 바꾼다는 사실에 주목했다. 최초의 비행기에 대한 결정적 힌트를 자연에서 얻는 순간이었다.

　오늘날 항공기에도 이를 응용한 기술이 적용돼 있다. 날개 끝부분을 기울여 와류를 줄이는 '윙렛(winglet)'이라고 하는 부분인데, 공기저항을 줄여 연비 향상에 큰 역할을 한다. 윙렛은 일반적으로 많이 보이는 수직 형태 외에도 갈매기 날개를 본뜬 형태, 상어 지느러미와 비슷한 형태처럼 기종마다 디테일이 다르니, 비행기 탈 일이 생기면 날개 끝을 유심히 살펴보는 것도 여행의 또 다른 재미가 되겠다.

본격적으로 생체모방공학을 뜻하는 'biomimetics'라는 용어가 쓰인 것은 1950년대 후반 미국의 신경생리학자 오토 슈미트(Otto H. Schmitt)가 제안하면서부터다. 이후 미국의 생물학자인 재닌 베니어스(Janine Benyus)가 1997년 『생체모방(Biomimicry)』이라는 저서를 내놓으며 생체모방공학에 대한 학계의 관심은 깊이를 더하게 됐다. 다만 인류는 본능적으로 자연을 모방하며 생존해 왔기에, 생체모방공학은 그 명칭이나 유래와 상관없이 늘 우리와 동고동락해 왔던 과학기술이라 하겠다.

◆ 일상에서 접할 수 있는 생체모방 사례

실제 '이런 것까지 생물을 모방한 건가?' 싶을 정도로 생체모방공학은 일상 깊숙이 자리 잡고 있다. 그중 가장 유명한 사례가 일명 '찍찍이'라 불리는 '벨크로'다. 1941년 스위스 전기엔지니어 조르주 드 메스트랄(George de Mestral)은 자신의 개와 함께 숲길을 거닐고 와선 그 뒤처리를 하느라 곤혹을 느꼈다. 도꼬마리 씨앗이 자신의 바지와 개의 몸통에 빼곡하게 붙은 데다 잘 떨어지지도 않았기 때문이었다. 그러나 이런 불편함에 오히려 호기심을 느낀 메스트랄은 현미경으로 도꼬마리 씨앗을 관찰했고, 갈고리처럼 휘어진 가시 끝이 섬유에 걸려 잘 떨어지지 않는다는 사실을 발견했다. 영감을 얻은 그는 계속된 연구 끝에 1958년 벨크로라는 상표를 등록했고, 이는 오늘날 패션에서부터 우주·항공에 이르기까지 광범위하게 쓰이는 기술이 됐다. 글로벌 시장조사 기업 베리파이드마켓리서치(verifiedmarketresearch)에 따르면, 2023년 기준으로 관련 시장만 227만 7,900달러 수준으로 평가된다.

연잎 표면의 방수 기능을 구현한 제품도 일상에서 많이 사용되고 있다. 두물머리 등 관광지에서 쉽게 찾아볼 수 있는 연잎은 물에 젖지 않아 항상 깔끔한 느낌을 준다. 이는 눈에 보이지 않는 나노미터 수준의 미세 돌기 덕분인데, 잎에 무수히 솟아 있는 돌기로 인해 물은

표면장력이 극대화되며 물방울 형태로 잎 위에 형성되는 것이다. 특히 이 돌기엔 파라핀 성분이 코팅돼 있다. 이로 인해 연잎은 초소수성(superhydrophobicity)을 가지며 건물 외벽, 페인트, 자동차, 고어텍스 의류, 전자제품 등 다양한 분야에서 해당 구조를 모방한 제품이 활용되고 있다.

누구나 싫어하지만 살다 보면 거스를 수 없는 주사 역시 통증을 줄이기 위해 자연을 모방했다. 그 대상은 주사보다 더한 혐오 대상인 모기다. 우리 피부 위에 앉아 피를 빠는 모기는 척살의 대상이지만, 당사자에게 이는 목숨을 건 행위다. 순순히 모기에게 자기 피를 내주는 사람은 없을 것이기에, 모기의 침은 최대한 들키지 않고 피를 빨 수 있도록 진화했다. 모기는 피를 빨 때 먼저 톱날같이 생긴 턱으로 피부를 뚫고, 마취 성분이 있는 타액을 주입한다. 해당 과정은 미세한 진동을 동반해 진행되며, 이는 효과적으로 통증을 줄인다. 이후 모기는 끝이 점점 가늘어지는 흡입관을 활용해 쥐도 새도 모르게 피를 빨고 도망칠 수 있다. 일본 의료회사 테루모 등 각지에서 이를 응용한 주사기를 개발했으며, 매일 인슐

일명 찍찍이라 불리는 벨크로는 가장 성공적인 생체모방 사례 중 하나다.
© wikipedia / Alexander Klink

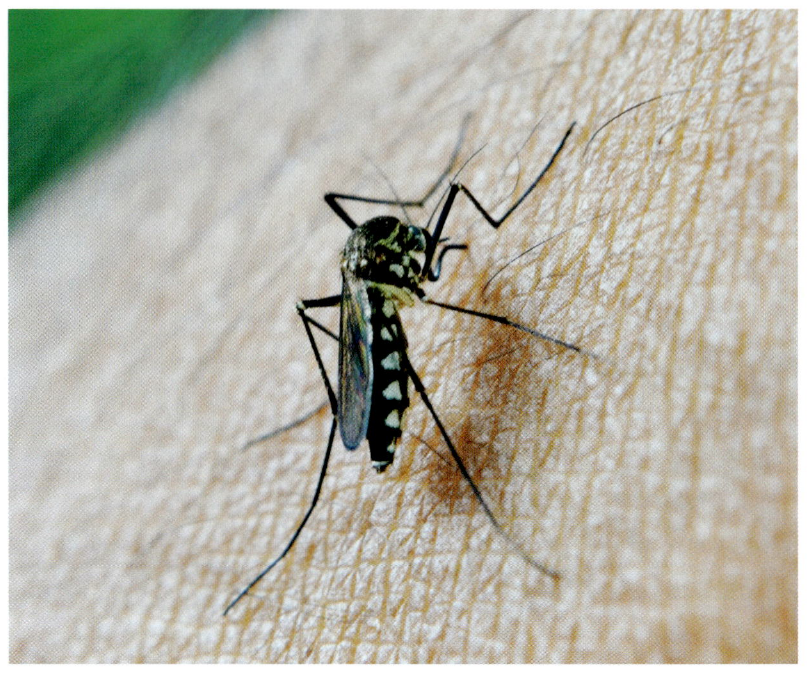

린 주사를 맞아야 하는 당뇨 환자에게 좋은 반응을 얻고 있다. 최근엔 아주 작은 바늘이 촘촘히 배열된, 붙이는 형식의 패치 형태 주사가 인기다. 이 역시 미세한 홈을 통해 독을 주입하는 독사 어금니 구조를 모방한 것이다.

비버의 앞니에 주목해 집안일의 고단함을 덜어 주는 기술도 있다. 귀여운 외모로 인기가 많은 비버는 앞니로 수많은 나무를 갉아 대며 댐을 쌓는 것으로 유명하다. 이 때문에 그 날카로움을 유지하는 것이 매우 중요한데, 비버는 간단한 방법으로 이를 해결했다. 이빨의 마모 속도를 서로 다르게 하여 예리함을 유지하는 것이다. 독일 주방용품업체 휘슬러는 여기서 아이디어를 얻어 서로 다른 마모 속도를 가진 2중 금속 날을 도입해 자주 갈지 않아도 날카로움이 유지되는 부엌칼을 개발했다.

이 외에도 많은 가전사들이 경쟁에서 이기기 위해 다양한 아이디어를 자연에서 얻고 있다. 잠자리 날갯짓을 응용한 공기청정기, 새의 날개를 응용한 헤어드라이기, 고양이 혀 모양을 본떠 효율을 높인 진공청

소기, 돌고래 꼬리의 움직임을 모방한 세탁조 등 다양한 아이디어 제품들이 실증 연구를 통해 제2의 벨크로가 되기를 꿈꾸고 있다.

◆ 사람 넓적다리서부터 흰개미 굴까지… 자연에서 영감 얻은 건축물

한편 누구나 알 만한 대상이지만, 생체모방공학과 연관성이 언뜻 떠오르지 않는 사례도 있다. 파리의 명물이자 세계적인 관광지인 '에펠탑'이다. 1889년 세워진 에펠탑은 당대 최신 공법이 집약된 기술력의 상징이자 세계 최고 높이 건물이었다. 에펠탑은 석조 건축이 대부분인 파리에 등장해 그 이질적인 모습으로 수많은 사람을 경악시켰고, 이를 거부해 파리를 떠나는 사람이 등장할 정도로 큰 화제가 됐다.

에펠탑을 세우는 일은 인류에게 큰 기술적 도전이었다. 300m라는 높이를 지닌 건축물의 바람 저항을 최소화해야 했기 때문이다. 더불어 총 9,700톤에 달하는 무게를 적절히 분산시키는 일도 중요한 과제였다. 엔지니어들은 그 실마리를 사람의 넓적다리뼈에서 찾았다. 에펠탑에 적용된 철제 트러스 구조(삼각형을 그물처럼 연속으로 배치해 하중을 분산시키는 것)는 카를 쿨만(Carl Culmann)이라는 독일 엔지니어가 한 해부학자의 연구실에서 사람 뼈

파리의 명물 에펠탑에는 사람 넓적다리뼈의 비밀이 숨겨져 있다.
© Pxhere

단면을 발견하고, 이를 건축에 적용한 것에서부터 비롯됐다. 사람 넓적다리뼈는 인체에서 가장 큰 외력을 버텨야 하며, 이를 위해 겉 부분의 밀도는 높고, 안 부분의 밀도는 낮게 구성됐다. 쿨만의 제자인 모리스 쾨클랭(Maurice Koechlin)은 이를 본떠 에펠탑의 네 다리는 튼튼하게 구성하고, 그 내부를 잇는 트러스는 가늘게 설계했다. 덕분에 에펠탑은 바람과 하중이라는 압력을 효율적으로 분산시킬 수 있었다.

에펠탑 외에도 건축 분야에서 생체모방공학을 적용한 사례는 많다. 가장 흔히 보이는 것이 벌집의 육각형 구조다. 이는 적은 재료를 사용하고도 견고하고, 버려지는 공간이 없어 효율성이 높다. 특히 외력을 분산하는 기능이 탁월해 건물 안정성을 높이는 데 크게 기여한다. 서울 강남에 있는 독특한 건물 '어반하이브'가 이러한 허니콤 구조를 활용한

높이가 5~6m에 달하는 흰개미 언덕은 자연적으로 내부 온도를 조절하는 특별한 구조를 지녔다.
© Pxhere

대표적 건축물이다.

　아프리카 초원에서 발견되는 흰개미 언덕 역시 많은 건축가에게 영감을 주는 사례다. 1996년 준공한 짐바브웨 '이스트게이트 센터'는 에어컨 없이도 쾌적한 실내 환경을 유지하는 것으로 이름 높다. 평균기온 40℃에 육박하는 아프리카 내륙에서 어떻게 이런 건축이 가능했을까? 이를 설계한 짐바브웨 건축가 믹 피어스(Mick Pearce)는 해결책을 흰개미 언덕에서 얻었다. 높이가 5~6m에 달하는 흰개미 언덕이 일정하게 내부 온도를 유지하는 비결은 특유의 환기 시스템이다. 개미가 머무는 생활공간은 낮은 곳에 배치하는데, 여기서 발생하는 더운 공기는 대류 현상에 의해 미로처럼 복잡한 통로 구멍을 따라 위로 올라가며 밖으로 배출된다. 그러면 바닥의 구멍으로 시원한 공기가 들어오면서 일정한 온도를 유지하는 것이다.

　실제 이스트게이트 센터 꼭대기엔 통풍구 63개가 설치돼 이러한 환기 시스템을 가능케 한다. 공기가 빠져나간 내부 공간엔 지하의 찬 공기가 올라오도록 바닥에도 수많은 구멍을 뚫었다. 관리자는 통풍구를 여닫으며 내부 온도를 조절할 수 있는데, 이를 통해 건물의 실내온도를 24℃로 꾸준히 유지한다. 그러면서도 전력 사용량은 같은 규모 건축물의 10분의 1 수준이다. 이스트게이트 센터는 자연으로부터 영감을 얻어 에너지 효율과 지속 가능성이라는 최근 트렌드를 모두 충족한 건축물로 손꼽힌다.

　건축물은 아니지만 건축공법 중 생물로부터 영감을 얻은 사례도 있다. 세계 최초 해저터널 건설에 사용된 '템스터널 공법'이다. 나무를 파먹으며 사는 배좀벌레조개는 자신의 몸이 터널 구멍에 고립되는 것을 피하기 위해 주변 벽을 굳혀 단단하게 만드는 액체를 분비한다. 이를 통해 배좀벌레조개는 안정적으로 터널과 같은 구멍을 뚫으며 전진할 수 있다. 영국의 공학자 마크 브루넬(Marc Brunel)은 이런 모습을 보고 암반을 굴착하는 동시에 터널 지지 구조물을 설치하는 방법을 고안했고, 이는 오늘날까지 유용하게 쓰이는 쉴드 공법의 시초로 자리 잡고 있다.

◆ 상어처럼 빠르게, 산양처럼 자유자재로

인간의 한계를 겨루는 스포츠 분야에서도 생체모방은 계속된다. 애초에 각종 장비의 성능이 기록 향상과 직결돼 '기술 도핑'이라는 말이 나올 정도로, 스포츠 장비는 각종 스포츠 대회 및 일상생활과 떼려야 뗄 수 없는 관계를 가진다.

가장 유명한 사례는 상어 피부를 모방한 전신 수영복이다. 바다의 포식자 상어는 순간적인 스피드와 날카로운 이빨로 사냥감을 덮쳐 순식간에 생명을 끊어 낸다. 빠르기로 유명한 청상아리의 경우 단거리에 한해 시속 96km 속력을 낼 수 있을 정도다. 스피드를 내는 비결 중 하나가 피부에 나 있는 미세한 돌기인데, 이를 통해 물의 저항을 줄일 수 있다. 1980년 미국 항공우주국(NASA)은 상어 비늘의 돌기를 모방해 V자 형태 미세 홈을 비행기 표면에 적용한 실험을 진행했다. 그 결과, 공기저항을 8% 정도 감소시킨다는 결과가 나왔고, 이는 많은 이들의 관심을 끌었다. 특히 물의 저항에 민감한 수영복 제조사들이 주목했다.

2008년 글로벌 수영복 브랜드 스피도가 공개한 '레이저 레이서'는 상어와 같이 V자 모양 삼각형 돌기를 엇갈리게 배열해 화제를 모았다. 전신 수영복이라는 형태도 신기했지만, 더욱 놀라웠던 것은 그 성능이다. 그 해에만 이 수영복 덕분에 세계신기록이 총 108번 갱신될 정도였으니 당시 사람들이 받았을 충격은 적지 않았다. 너무나 월등한 성능 때문에 전신 수영복은 2010년 대회에서 퇴출됐다. 하지만 관련 연구는 이어졌으며, 현재도 각종 교통수단에 미세 돌기를 활용해 공기저항을 줄이는 연구가 계속되고 있다.

한편 가파른 절벽을 자유자재로 이동하는 산양은 많은 등산인의 워너비일 것이다. 실제 과학자들이 그 비결을 연구한 결과, 발굽에 물리학이 숨겨져 있었다. 산양 발굽은 딱딱한 테두리와 부드러운 내부로 이뤄져 있어 바위에 착 달라붙게끔 한다. 이를 응용한, 글로벌 아웃도어 브랜드 머렐의 등산화 '카프라'는 안쪽에 고무 등 유연한 소재를 부착해 접지력을 높였고, 험한 지형에서도 안정성을 부여해 많은 인기를 끌었다.

◆ 고양이부터 잠자리까지, 눈에 주목하라

생체모방 연구에서 유독 주목받는 분야가 카메라다. 만물의 영장이라 불리는 인간이지만, 눈의 기능은 비교적 단점이 뚜렷하다는 평이 있다. 가령 인간의 시야엔 맹점이라 불리는 사각지대가 존재하는데, 이는 뇌와 연결되는 시신경이 망막을 뚫고 직접 안구와 연결돼 있기 때문이다. 즉 해당 부위에선 빛을 감지할 수 없다는 뜻이다. 시야각 또한 약 220도에 불과해 뒤에서 접근하는 불청객에게 당할 가능성이 크다. 반면 인간과는 다른 환경에 살며 적응하고 진화하면서 독특한 시각 구조를 갖게 된 생물들이 많다. 이 때문에 눈의 연장이라 할 수 있는 카메라엔 유난히 다양한 생체모방공학이 적용되고 있다. 특히 해당 분야에선 최근 국내 연구진의 선전이 두드러진다.

2022년 광주과학기술원(GIST)과 서울대 공동 연구팀이 360도 촬영 가능한 초소형 수륙양용 카메라를 개발했다. 이는 기존 360도 카메라가 가진 이미지 왜곡, 후처리 과정 등의 단점을 극복한 기술로 평가된다. 공동 연구팀이 모방한 생물은 농게다. 농게는 눈이 위쪽으로 돌출돼 시야 방해 없이 전후방을 모두 관찰할 수 있다. 또 물속과 물 밖 모두 일정한 시야를 확보할 수 있다는 것도 농게 눈의 장점이다. 연구팀이 분석한 결과, 각 홑눈 내부의 곡률과 굴절률이 서서히 바뀌면서 어떤 상황에도 자연스레 초점을 맞춘다는 사실을 알아냈다. 이를 모방해 만들어진 구배형 렌즈는 소형 카메라 하나로 360도 수준 화각을 구현한 최초 사례로 꼽힌다.

이어 2024년엔 같은 연구팀이 고양이 눈 구조를 모방한 고감도 인공 시각 시스템을 개발해 화제를 모았다. 연구팀이 주목한 것은 고양이가 지닌 위장 해제 능력이다. 이는 배경과 객체 간 경계를 명확하게 구분해 다양한 환경에서 객체 인식 능력을 높이는 것이다. 고양잇과 동물의

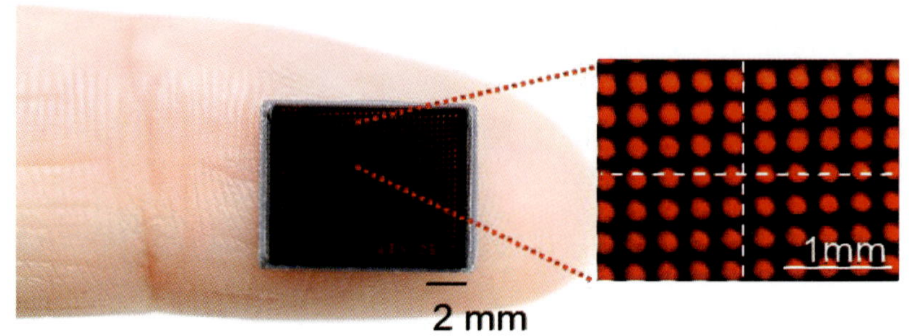

곤충이 가진 겹눈은 매력적인 연구 대상이다. KAIST 연구팀은 곤충의 눈을 모사해 고감도, 초고속 촬영이 동시에 가능한 카메라를 개발했다. 사진은 이미지 센서에 패키징된 카메라 모습.
© KAIST

눈은 수직으로 길쭉한 동공과 휘판이라는 특징적 구조 덕분에 다양한 조명 조건에서 위장 해제 능력을 갖췄다. 수직 동공은 비대칭적인 피사계 심도를 제공하는 동시에 대상 물체에 대한 고해상도 초점을 가능케 한다. 망막에 존재하는 휘판은 반사체 역할을 해 야간에 시각적 감도를 높인다. 고양잇과 동물의 눈이 야간에 유난히 밝게 빛나는 것도 휘판이 있기 때문이다. 연구팀은 고양이 눈을 모방해 수직 가변 조리개와 은으로 된 휘판을 도입했고, 그 결과 어두운 환경에서 빛 흡수 효율을 52% 향상시켰다.

2025년엔 한국과학기술원(KAIST) 연구팀이 곤충의 눈을 모사해 고감도, 초고속 촬영이 동시에 가능한 카메라를 개발했다. 빛이 거의 없는 극한 환경에서 빠르게 움직이는 물체까지 포착할 수 있는 카메라다. 이 연구팀은 곤충이 가진 겹눈 구조에 주목했다. 이는 작은 크기의 낱눈 여러 개가 벌집처럼 하나로 모여진 것이다. 겹눈을 통해 곤충은 빠르게 움직이는 물체를 감지하거나 빛이 적을 때 다양한 시간 신호를 합산해 감도를 높일 수 있다. 이는 고속 카메라가 가진 한계를 극복하는 데 꼭 필요한 기능이었다. 기존 고속 카메라는 빠르게 움직이는 물체 감지에 유용하지만, 빛이 적은 어두운 환경에선 감도가 떨어져 큰 문제가 있었다. 연구팀은 곤충의 겹눈처럼 여러 렌즈를 두고, 각 렌즈가 다른 시간대에 물체를 촬영한 뒤, 이를 중첩해 복원하는 방식으로 문제를 해결했다. 그 결과 기존 고속 카메라에 비해 최대 40배 더 어두운 환경에서도 물체를 포착하는 데 성공했다.

CCTV, 자율주행차, 드론, 의료 영상, VR 등과 같이 고기능 카메라의 활용 범위는 갈수록 확장될 전망이다. 다양한 환경에 적응한 생물의 눈이 생체모방공학을 통해 고성능 카메라로 구현됨으로써, 우리는 어떤 상황에서도 좀 더 선명한 이미지를 확보할 수 있게 됐다.

◆ 코끼리 코, 캥거루 점프에서 뱀, 늑대까지 모방하는 로봇

생체모방공학 활용이 활발한 또 다른 기술 분야로 로봇을 꼽을 수 있다. 로봇공학은 수많은 시간 동안 진화하며 최적의 움직임과 구조를 찾아낸 생명체 노하우가 가장 효율적으로 반영되는 분야다.

해당 분야에 매우 적극적인 곳 중 하나가 글로벌 공장 자동화 기업인 훼스토다. 훼스토는 재갈매기의 날갯짓과 움직임을 도입한 '스마트버드', 촉수 8개로 반동을 주어 마치 해파리처럼 공중을 부유하는 '에어젤리', 캥거루의 점프 메커니즘을 반영한 '바이오닉캥거루'처럼 다양한 생체모방 로봇을 지금껏 선보여 왔다. 특히 훼스토가 집중하고 있는 대상은 활용도가 높은 코끼리의 코다. '바이오닉 핸들링 어시스턴트(Bionic Handling Assistant)', '바이오닉소프트암(BionicSoftArm)', '바이오닉이트렁크(Bionic E-Trunk)' 등과 같은 관련 모델을 지속적으로 내놓으며 정밀한 움직임을 재현하고자 노력하고 있는데, 부드러운 움직임을 기반으로 형태가

뱀 로봇은 여러모로 쓸모가 많아 여러 연구가 이뤄지고 있다. 사진은 한국로봇융합연구원이 개발한 뱀 로봇이 경부고속철도 운주터널 정밀안전진단에 활용되고 있는 모습.
ⓒ 국토안전관리원

불분명한 물체를 다루는 데 큰 장점이 있다.

비슷한 장점에 주목해 생체모방 로봇의 주 모방 대상이 되는 동물 중 하나가 뱀이다. 뱀은 유연함을 바탕으로 풀밭, 물속, 정글 등 어느 환경에서도 이동이 가능하고 비좁은 곳을 통과하며, 장애물을 넘을 수 있다. 나무와 같은 원통형 구조를 올라갈 수 있는 것도 강점으로 꼽힌다. 이런 장점을 바탕으로, 뱀 로봇은 각종 재난구조 현장에서 새로운 구세주가 될 것으로 보인다. 뱀 로봇으로는 스위스 취리히연방공대(ETH) 연구진이 2024년 11월 개발한 로보아가 유명하다. 20m 길이를 자랑하는 로보아는 굵기가 10cm가 채 되지 않아 복잡한 지형을 유유히 드나든다. 원격으로 조종할 수 있으며, 스피커와 마이크를 통해 구조 현장에서 생존자와 자유롭게 소통하는 것도 가능하다. 물, 음식, 의약품처럼 꼭 필요한 생존 물자를 전달하는 것도 로보아가 가진 중요한 기능이다.

국내에선 한국로봇융합연구원이 2019년부터 구조용 뱀 로봇 개발을 진행해 왔다. 2021년 12월 원천기술 개발에 성공했는데, 머리 부분이 직경 64mm에 불과해 좀 더 효율적으로 좁은 공간을 지나갈 수 있다고 한다. 열화상 카메라와 LED 조명으로 생존자를 확인하고, 로보아와 마찬가지로 필수 구호품을 전달하는 것은 물론, 머리 부분에 주삿바늘을 설치해 응급상황에서 긴급조치까지 가능하다. 한편 한국원자력연구원 역시 2021년 구조용 뱀 로봇을 개발한 것으로 알려져 있다.

뱀 로봇은 재난 현장 인명 구조 외에도 군사 정찰, 각종 탐색 등 여러모로 활용도가 높다. 2025년 6월 국토안전관리원은 경부고속철도 운주터널 정밀안전진단에서 한국로봇융합연구원이 개발한 뱀 로봇을 활용했다. 원래 터널 내 배수로 안전을 체크하기 위해선 사람이 직접 40~50kg 무게의 뚜껑을 열고 내시경을 넣어 살펴봐야 한다. 그런데 이는 작업 효율성이 떨어지고 위험할 뿐만 아니라, 사각지대가 발생한다는 치명적 단점이 존재한다. 여기에 뱀 로봇을 투입한 결과, 안전하고 효율적으로 내부 영상을 촬영할 수 있었다. 국토안전관리원은 향후 다른 협소 구간 작업에도 뱀 로봇을 적극 활용할 방침이다.

보스턴다이내믹스의 4족 보행 로봇 '스팟'은 정찰 및 정보 수집, 물품 운송, 경비 등 다양한 분야에 활용이 가능하다.
© wikipedia / Jontes

이와 함께 곤충, 두더지, 거미 등 다양한 생물을 모방한 로봇 연구가 전 세계에서 한창이다. 가장 유명한 것은 보스턴다이내믹스의 4족 보행 로봇 '스팟'인데, 정찰 및 정보 수집, 물품 운송, 경비 등 다양한 용도로 활용이 가능하다. 특히 인공지능(AI)을 바탕으로 스스로 판단하고 장애물을 피해 갈 수 있어 활용도가 높다는 것이 제작사 측의 설명이다. 해당 로봇은 미국 앨라배마주에 위치한 현대차그룹 공장에서 용접 부위를 촬영하며 품질검사에 동원되는 것처럼 구체적인 산업현장 활용이 가시화되고 있다.

2025년 4월 일본 가와사키중공업은 오사카 엑스포를 통해 좀 더 혁신적인 4족 로봇을 선보였다. '콜레오'라는 이름의 이 로봇은 늑대 움직임을 바탕으로 제작됐으며, 특이점은 바로 사람이 탑승한다는 것이다. 험지에서도 이동 가능한 일종의 신개념 오토바이라고 할 수 있다.

◆ 붙여야 산다… 접착력 높이기 위한 다양한 아이디어

게코 도마뱀의 발바닥에 있는, 수억 개에 달하는 미세한 섬모는 엄청난 접착력을 선사한다.
© wikipedia / Bjørn Christian Tørrissen

또 하나 생체모방공학이 주로 쓰이는 분야 중 하나가 접착이다. 어떤 방식으로든 떨어진 두 물체를 붙이거나 고정하는 일은 여러모로 유용한 능력이다. 자연에서도 각자의 방식으로 이를 구현한 생물이 많은데, 이는 많은 학자의 연구 대상이 됐다.

대표적 사례가 게코 도마뱀의 발바닥이다. 게코 도마뱀은 벽은 물론 천장까지 자유자재로 기어다니며 중력을 무시하는 듯한 모습을 보이는데, 이는 발바닥에 존재하는 특별한 구조 덕분이다. 수억 개에 달하는 미세한 섬모가 벽에 접촉하면 반데르발스 힘이라는 강력한 인력이 작용하며 접착력을 극대화하는 것이다. 이를 활용해 벽을 타고 오르는 도마뱀 로봇과 함께, 게코 테이프가 만들어져 그 활용이 기대되고 있다.

접착력이 떨어지는 수중 환경에서의 연구도 진행 중이다. 서울과학기술대 연구팀은 불가사리가 가진 관족 구조에 주목했다. 불가사리 팔 아랫부분에 있는 관족은 여러 개의 작은 관과 끝에 달린 빨판 구조로 돼 있다. 근육 움직임에 따라 액체를 보내거나 거둬들이며 수축과 이완을 반복하고, 점액질과 빨판의 힘으로 접착력을 높인다. 움직임에 따라 빠르게 탈착 가능하다는 것이 해당 구조의 최대 장점이다. 이에 착안한 연구팀은 빛, 공기압, 열 등 다양한 외부 자극에 따라 탈착이 빠르게 진행되는 인공 관족을 설계하고 2025년 7월 발표해 많은 화제를 모았다.

형태를 바꿔 접착력을 높이는 문어 빨판 구조 역시 모방 대상이다. 문어의 빨판은 평소에 볼록하다 물체에 닿으면 오목하게 바뀐다. 이를 통해 흡인력이 발생해 물체를 수월하게 잡는 것이다. 2022년 여기에 주목한 미국 버지니아공대 연구팀은 문어 빨판과 비슷한 구조의 실리콘 기판을 만들고 센서를 추가해 물체에 닿을 때마다 모양을 바꿔 흡인력을 발휘하도록 만들었다. 이는 특히 플라스틱, 고무, 아크릴 등 다양한 소재를 대상으로 접착력을 발휘할 수 있다.

불가사리 관족이나 문어 빨판이 물리적으로 접착력을 부여한다면, 홍합이나 갯지렁이의 경우 화학적으로 아주 강력한 접착 물질을 분비한다. 일부에서는 이 접착 물질을 분석해 수중에서도 강력한 접착력을 확보하려는 연구가 한창이다.

2025년 8월엔 최신 AI의 도움을 받아 해당 과정을 효율적으로 진행한 연구가 나왔다. 일본 홋카이도대 연구진은 미국 국립생명공학정보센터(NCBI)에서 홍합, 갯지렁이, 박테리아를 비롯한 3,822종 생물의 접착 단백질 아미노산 서열 2만 4,707개를 확보했다. 새로운 하이드로겔 접착제를 개발하기 위해서다. 하이드로겔은 물과 고분자가 결합된 부드러운 접착제로 생체공학 분야에서 최근 주목받고 있는 소재다. 특히 표면에 있는 물 분자를 밀어내며 달라붙기에, 젖은 표면에도 아랑곳하지 않고 큰 접착력을 발휘한다. 고분자를 변형해 접착제에 다양한 기능을 부여하는 것도 이론적으로 가능하다.

연구진은 이를 AI에게 학습시켜 새로운 하이드로겔 접착제 180가지를 설계했다. 이후 해당 접착제들의 데이터를 다시 학습시킨 결과 'R1-max' 'R2-max'라는 최강의 접착제를 개발할 수 있었다. 그 성능은 접착제 $1cm^2$로 하중 10kg을 견딜 수 있는 수준이다. 실제 R2-max를 사용해 지름 2cm 구멍이 뚫린 파이프를 봉합한 결과, 5개월이 넘게 누수를 방지하는 등 실용성을 증명했다. 이는 액체와 접촉이 잦은 의료용 접착제 분야에서 활용될 전망이다.

◆ 벌새, 박쥐, 날다람쥐… 고기능 드론을 위한 연구들

엔터테인먼트, 농업, 촬영, 전쟁 등 다방면으로 활용 중인 드론에도 생체모방공학이 속속 반영되고 있다. 스위스 로잔연방공대 연구팀은 박쥐의 날개 접는 방식을 참고해 'DALER(Deployable Air-Land Exploration Robot)'를 개발했다. 비행 시엔 날개를 활짝 펼쳐 양력을 최대로 확보하

고, 땅에선 날개를 접은 후 끝부분을 회전하면서 이동한다. 공중뿐 아니라 지상에서도 이동 능력을 확보해 기존 드론 활용이 어려웠던 지역 탐사가 가능하다는 장점이 있다.

정지비행은 물론 수직비행, 저속비행 등 다양한 비행 능력을 자랑하는 벌새 역시 생체모방공학에서 각광받는 생물 중 하나다. 캐나다 브리티시컬럼비아대와 독일 프라이부르크대 공동 연구팀은 벌새를 모방하기 위해 회전 능력, 방향 전환 각도, 평균 속력 등 비행 관련 능력부터 체질량, 근육 크기 등 다양한 신체 조건까지 분석했다. 이를 반영해 개발된 '허밍버드'는 작고, 실제 벌새와 비슷하게 생겼으며, 소음이 적어 좁은 공간 탐색이나 범죄자 추적 등에 유용하다는 장점이 있다. 또한 실제 벌새처럼 다양한 비행 능력을 갖춘 것으로 알려졌다.

　국내에선 2025년 5월 포스텍 연구팀이 새로운 도전을 해 화제다. 특이하게도 연구팀은 새의 비행이 아니라 날다람쥐의 활공 모습에서 힌트를 얻었다. 날다람쥐는 손목에서 발목까지 연결된 피부 덮개를 활짝 펼치며 공기저항을 최대화하고, 이를 통해 감속하며 나무에 안전하게 내려앉는다. 이에 연구팀은 드론의 네 다리에 비슷한 역할을 하는 실리콘 막을 장착하고 선택적으로 이를 펼치도록 했다. 예를 들어 가속이 필요할 때는 실리콘 막을 접고, 감속이 필요할 경우 실리콘 막을 펼치는 식이다. 그 결과 제어 효율이 기존 드론에 대비해 13.1% 높아진다는 사실을 확인했다.

　사실 헬리콥터의 프로펠러 역시 자연을 모방한 작품이다. 우아하게 비행하며 씨앗을 퍼뜨리는 단풍나무가 그것이다. 단풍나무 씨앗은 프로펠러와 비슷하게 생긴 날개를 활용해 빙글빙글 회전하면서 천천히 떨어진다. 이때 바람이 불면 멀리까지 날아갈 수 있어 자손을 퍼뜨리는 데 좀 더 유리하다.

✦ 개미 움직임에서 군체 로봇 제어 힌트 얻어

　생물의 능력을 모방하는 기술은 이제 각 개체를 넘어 군체의 행동 알고리즘을 도입하는 단계에 접어들었다. 로봇이나 드론 군체를 원하는 대로 작동하는 건 생각보다 어려운 일이다. 각 개체는 자신의 위치를 정밀하게 인식하는 작업은 물론, 근처 다른 로봇·드론과의 충돌을 회피하는 동시에 실시간 제어 알고리즘을 바탕으로 탐사, 지도 작성, 물체 운반 등 각종 임무를 수행해야 한다. 물론 이 모든 것엔 초고속 통신이 뒷받침돼야 하며, 통신 상황이 안 좋을 경우 급격한 퍼포먼스 하락이 뒤따른다. 이런 기술적 제약을 극복하기 위해 최근 연구되고 있는 것이 '스웜 로보틱스'라 불리는 신 개념 로봇 기술이다. 과학자들은 군체 로봇·드론을 좀 더 효과적으로 운용하기 위해 개미, 벌처럼 군체 생활을 성공적으로

수행 중인 생물을 분석했다.

그 결과 이들이 가진 집단지능(혹은 분산지능)의 핵심이 '간단한 규칙'과 '개체 간 상호 통신'을 통한 협업임을 밝혀냈다. 중앙 제어 없이도 각 로봇이 규칙에 따라 자율적으로 판단하고 임무를 수행하기에, 고성능 로봇 1기나 복잡한 제어 알고리즘에 의존하는 경우보다 안정성에서 유리하다. 또한 로봇의 수가 늘어나더라도 시스템 자체는 그대로 유지되기에 확장성에서도 장점이 있다. 상대적으로 로봇 제작 비용이 저렴한 것도 스웜 로보틱스가 가진 강점이다.

대표적 사례가 미국 하버드대에서 개발한 '킬로봇(Kilobots)'이다. 킬로봇은 해양 쓰레기 수집, 구조물 쌓기 등 다양한 작업을 수행하며 복잡한 제어 알고리즘 없이도 성공적으로 군집 로봇 운용이 가능함을 보여 주고 있다. 더불어 아마존 물류센터에서 선반을 옮기는 '키바', 유조선 사고 등으로 기름이 유출될 때 동원돼 기름을 제거하는 '시스웜'처럼 다양한 응용 사례들은 그 유용함을 증명하고 있다.

국내에선 2025년 5월 서울대 연구팀이 하버드대와 공동 연구를 통해 '링크봇'이라는 이름의 군집 로봇 시스템을 개발했다. 링크봇은 V자 체인 구조로 연결된 로봇들이 이동과 회전 등 간단한 움직임을 통해 유기적으로 문제를 해결할 수 있게끔 설계됐다. 복잡한 알고리즘이나 중앙의 제어 없이 물체 운반, 틈새 차단 등 다양한 임무를 성공적으로 해결함으로써 향후 다양한 활용을 기대하게 한다.

먼 과거부터 최근에 이르기까지 다양한 생체모방공학 연구와 그 활용에 대해 알아보았다. 지금까지 소개한 사례 외에도 관련 연구와 실제 응용 사례는 무수히 많다. 수십억 년에 걸친 진화와 생존경쟁이 만든 생물 다양성은 그 자체로 위대한 발명이며, 범위 역시 헤아릴 수 없이 넓다. 앞으로도 생체모방공학은 자연만큼이나 다양한 모습으로 인류 문명을 풍성하게 이끌 것이다. 가끔은 무심코 지나쳤던 자연 속에서 색다른 아이디어를 발견하고, 이를 다듬어 보며 상상의 나래를 펴는 것은 어떨까? 미래를 바꾸는 기술혁신이 사소한 관찰과 발견에서부터 시작될지 모르는 일이다.

11

2025
노벨 과학상

이충환

서울대 천문학과를 졸업한 뒤 동 대학원에서 천문학 석사 학위를 받고, 고려대 과학기술학 협동과정에서 언론학 박사 학위를 받았다. 천문학 잡지 《별과 우주》에서 기자 생활을 시작했고 동아사이언스에서 《과학동아》, 《수학동아》 편집장을 역임했으며, 현재는 과학 콘텐츠 기획·제작사 동아에스앤씨의 편집위원으로 있다. 옮긴 책으로 『상대적으로 쉬운 상대성이론』, 『빛의 제국』, 『보이드』, 『버드 브레인』 등이 있고 지은 책으로는 『블랙홀』, 『칼 세이건의 코스모스』, 『반짝반짝, 별 관찰 일지』, 『재미있는 별자리와 우주 이야기』, 『재미있는 화산과 지진 이야기』, 『지구온난화 이렇게 해결할까?』, 『십 대가 꼭 알아야 할 기후변화 교과서』, 『미세먼지 어떻게 해결할까?』, 『챗GPT 기회인가 위기인가(공저)』 등이 있다.

THE
NOBEL
PRIZE

2025년 노벨 과학상은 양자컴퓨팅 토대 마련, '금속-유기 골격체' 개발, '말초 면역 관용' 원리 발견에

2025년 노벨상 수상자들이 스웨덴 스톡홀름에 있는 노벨상 박물관에 모여서 찍은 단체 사진.

© Nobel Prize Outreach/Clément Morin

노벨상 125년 역사에 작은 문이 열렸다. 노벨상이 탄생한 이래 125년간 노벨상 선정 위원들이 수상자를 논의하는 과정은 베일에 싸여 있었는데, 2025년 노벨 평화상 선정 회의 장면이 처음으로 언론에 공개됐다. 영국 BBC 방송과 노르웨이 국영방송 NRK가 오슬로 노벨연구소 회의실 내부를 촬영해 보도한 것이었다. 방송에 따르면, 선정 위원들이 알프레드 노벨의 초상화가 걸려 있는 회의실에 모여 "국가 간의 우애를 증진하고 군비를 줄이며 평화를 이룩한 사람에게 상을 수여한다"는 문장을 큰 소리로 읽은 뒤 회의를 시작했다고 한다. 전문가들은 노벨상의 투명성과 신뢰를 높이려는 시도라고 평가했다. 2025년 노벨상은 과학 분야도 많은 이들의 주목을 받았다. 노벨 물리학상, 화학상, 생리의학상은 어떤 업적을 남긴 사람들에게 돌아갔는지 자세히 살펴보자.

✦ 구글, 최다 노벨상 배출 기업으로 떠올라

2025년 노벨상은 모두 14명이 수상했다. 물리학상, 화학상, 생리의학상, 경제학상은 각각 3명에게 돌아갔고 문학상, 평화상은 각각 단독 수상자가 나왔다.

2025년 노벨 물리학상 수상자들. 왼쪽부터 존 클라크, 미셸 드보레, 존 마티니스. 흥미롭게도 미셸 드보레와 존 마티니스는 구글 관련자다.

© Nobel Prize Outreach/Clément Morin

이번 노벨상의 특징 중 하나는 물리학상 수상자 명단에 구글 관련자가 2명이나 포함됐다는 점이다. 양자컴퓨팅 연구를 이끈 존 마티니스와 미셸 드보레가 그 주인공이다. 존 마티니스는 오랫동안 구글 하드웨어팀을 이끌었고, 미셸 드보레는 구글 퀀텀 AI 랩의 하드웨어 최고 과학자다. 사실 2024년에도 구글 관련자가 3명이나 노벨상을 거머쥐었다. 구글 딥마인드의 데미스 허사비스와 존 점퍼가 화학상을, 구글 브레인팀에서 딥러닝과 인공신경망 연구를 이끌던 제프리 힌턴이 물리학상을 각각 받았다. 이로써 구글은 2년 연속 노벨상 수상자를 내놓으며 총 5명의 노벨상 수상자를 배출해 과학계에서 '최다 노벨상 배출 기업'으로 떠올랐다. 구글이 양자컴퓨팅, AI를 비롯한 첨단 과학 연구의 중심에 서 있음을 보여 주는 셈이다.

또 이번 노벨상의 다른 특징은 일본이 수상자를 2명 배출했다는 점을 꼽을 수 있다. 교토대 기타가와 스스무 특별교수가 화학상을, 오사카대 사카구치 시몬 명예교수가 생리의학상을 각각 수상했다. 1949년 유카와 히데키가 물리학상을 거머쥐며 첫 일본인 노벨상 수상자로 등극한 이래 일본은 2025년까지 31번째(개인, 단체 포함)의 노벨상 수상자를 배출했다. 정부 차원에서 기초과학에 꾸준히 투자한 것이 열매를 맺었다는 평가가 나왔다.

한국은 2024년 한강이 문학상을 수상했고, 2000년 김대중 대통령이

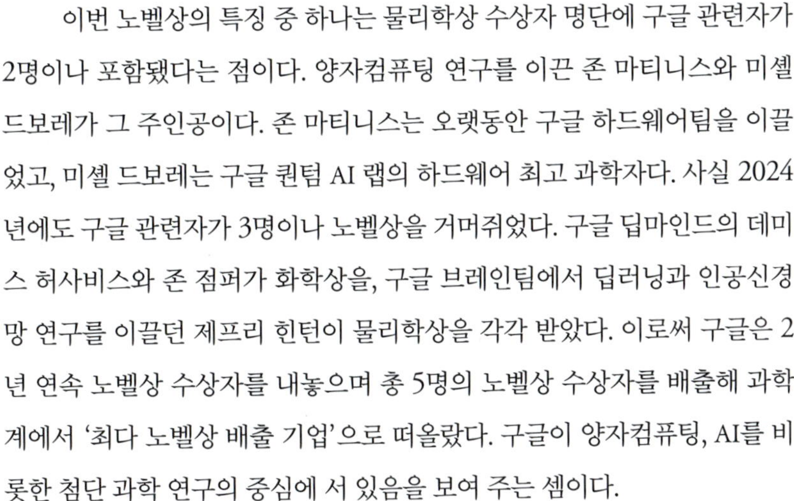

▲
2025년 노벨 화학상 수상자들. 왼쪽부터 리처드 롭슨, 오마르 M. 야기, 기타가와 스스무.
© Nobel Prize Outreach/Clément Morin

▶
2025년 노벨 생리의학상 수상자들. 왼쪽부터 프레드 램즈델, 메리 브렁코, 사카구치 시몬.
© Nobel Prize Outreach/Clément Morin

평화상을 받았지만, 아직 과학 분야에서는 수상자를 배출하지 못했다. 우리도 일본의 노벨상 수상을 부러워만 할 것이 아니라, 정부 차원에서 기초과학에 제대로 투자하고 과학자의 자유로운 연구 풍토를 조성해야 한다는 진단이 제기됐다.

| 한눈에 보는 2025년 노벨 과학상 수상자 9인 |

구분	수상자(소속)	업적
물리학상	존 클라크(미국 버클리 캘리포니아대) 미셸 드보레(미국 예일대) 존 마티니스(미국 산타바바라 캘리포니아대)	전자회로에서 양자 터널링 현상 증명
화학상	기타가와 스스무(일본 교토대) 리처드 롭슨(호주 멜버른대) 오마르 M. 야기(미국 버클리 캘리포니아대)	'금속-유기 골격체(MOF)' 개발
생리의학상	메리 브렁코(미국 시스템생물학연구소) 프레드 램즈델(미국 소노마바이오테라퓨틱스) 사카구치 시몬(일본 오사카대)	'말초 면역 관용' 원리 발견

◆ 노벨 물리학상, 전자회로에서 양자 터널링 현상 증명

2025년 노벨 물리학상은 전자회로처럼 눈에 보이고 손에 잡히는 규모에서도 양자 현상이 실제로 작동한다는 사실을 실험적으로 증명한 세 명의 과학자에게 돌아갔다. 수상자는 미국 버클리 캘리포니아대의 존 클라크 명예교수(영국 출생), 미국 예일대의 미셸 드보레 명예교수(프랑스 출생), 그리고 미국 산타바바라 캘리포니아대의 존 마티니스 명예교수다.

노벨위원회는 이들의 업적을 전자회로에서 거시적 양자 터널링과 에너지 양자화를 관측·입증한 공로라고 설명했다. 이는 양자역학은 원자나 전자 같은 극미시 세계에서만 유효하다는 오래된 인식을 뒤집은 결정적 성과였다.

조지프슨 접합 이용해 거시적 양자 터널링 실험에 성공

양자 터널링은 입자가 고전 물리학적으로는 절대 넘을 수 없을 것 같은 에너지 장벽을 확률적으로 '뚫고' 지나가는 현상이다. 이 현상은 원자 내부, 전자 수준의 실험에서는 이미 알려져 있었지만, 전자회로처럼 수많은 입자가 집단적으로 움직이는 거시적 시스템에서도 동일하게 일어나는지는 오랫동안 불확실했다. 만약 거시세계에서 양자 효과가 유지되지 못한다면, 양자역학은 '미시세계의 특수 규칙'에 머물렀을 것이다. 세 과학자는 실험을 통해 양자역학이 거시세계에서도 작동한다는 답을 명확히 제시했다.

1984~1985년, 버클리 캘리포니아대 연구실에서 만난 세 사람은 초전도체 기반의 '조지프슨 접합(Josephson junction)'을 이용한 실험에 착수했다. 당시 존 클라크는 지도교수, 존 마티니스는 박사과정 학생, 미셸 드보레는 프랑스에서 온 박사후연구원이었다. 조지프슨 접합은 두 초전도체 사이에 매우 얇은 절연층을 끼운 구조다. 고전적인 관점에서라면 절연층 때문에 전류는 흐르지 않아야 한다. 하지만 극저온 상태에서 실험을 진행하자, 전자 두 개가 결합한 '쿠퍼쌍'이 절연층을 양자 터널링으로 통과하는 현상이 관

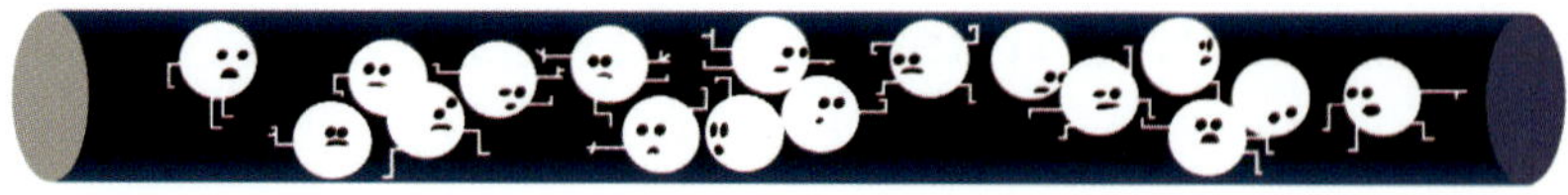

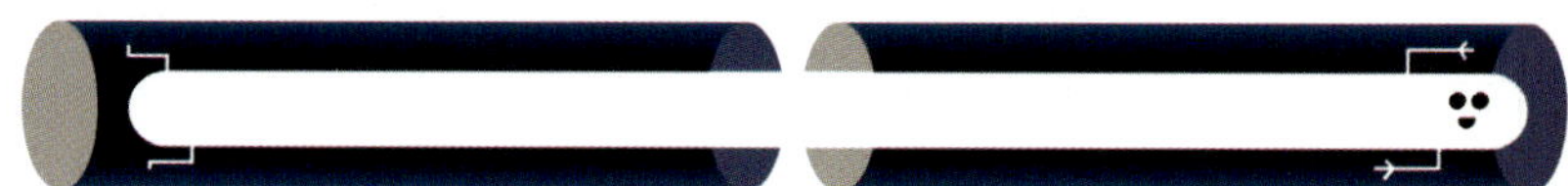

© Johan Jarnestad/The Royal Swedish Academy of Sciences

찰됐다.

더 놀라운 점은 전류의 거동이었다. 전류는 부드럽게 연속적으로 변하지 않고, 마치 계단을 오르듯 불연속적인 단계(step)로 증가했다. 이는 회로 전체의 에너지 상태가 양자화돼 있다는 직접적인 증거였다. 즉, 원자 하나가 아니라 전자회로 전체가 하나의 '거대한 양자 시스템'처럼 행동한 것이다.

이 실험의 핵심적 의미는 단순한 현상 발견을 넘어선다. 양자역학은 미시세계에만 국한되지 않으며, 적절한 조건(초전도, 극저온, 정밀한 회로 설

존 클라크, 미셸 드보레, 존 마티니스는 초전도 전기회로를 이용해 이 실험 장치를 만들었다. 이 회로가 들어 있는 칩의 크기는 1cm 정도였다. 그 이전까지는 터널링이나 에너지 양자화 같은 현상들이 단지 몇 개의 입자만 있는 매우 작은 계에서 연구돼 왔다. 하지만 이 실험에서는 수십억 개의 쿠퍼쌍이 칩 전체의 초전도체를 가득 채운 상태에서 이런 양자 현상이 나타났다.

© Johan Jarnestad/The Royal Swedish Academy of Sciences

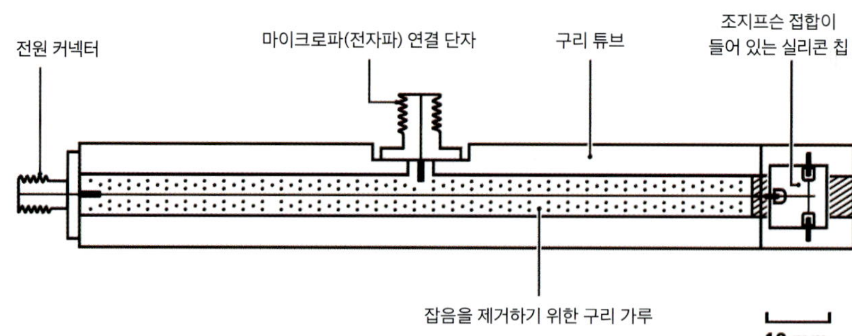

계)이 갖춰지면 인공적으로 만든 회로에서도 양자 중첩, 터널링, 양자화가 유지된다는 뜻이다. 이로써 '양자 현상은 너무 약해서 큰 시스템에서는 사라진다'는 통념이 깨졌다.

양자컴퓨터 구현의 기반 마련

세 사람의 연구는 회로 기반 양자컴퓨터라는 개념의 물리적 토대를 마련했다. 1999년 큐비트라는 정보 단위 개념이 정식으로 제시됐고, 2000년대 들어 양자컴퓨터에 대해 각국 정부와 기업의 대규모 투자가 이어졌다. 이 과정에서 구글, IBM 같은 글로벌 기업들이 초전도 큐비트 기반 양자컴퓨터 개발에 뛰어들었다.

존 마티니스는 구글 양자컴퓨터 프로그램의 총책임자를 지낸 뒤, 현재는 자신의 양자기술 기업인 큐오랩(Qolab)을 설립해 연구를 이어가고 있다. 미셸 드보레는 구글의 양자 인공지능(Quantum AI) 조직에서 양자 하드웨어 수석 과학자로 활동하며 차세대 초전도 큐비트 설계를 이끌고 있다. 오늘날 수십~수백 개의 큐비트를 제어하는 초전도 양자컴퓨터는 바로 이 1980년대 실험에서 확인된 거시적 양자 터널링과 회로 양자화 없이는 존재할 수 없었다.

✪ 노벨 화학상, '금속-유기 골격체(MOF)' 개발

2025년 노벨 화학상은 금속과 유기 분자를 레고 블록처럼 조합해 전혀 새로운 물질세계의 문을 연 세 명의 과학자에게 돌아갔다. 수상자는 일본 교토대의 기타가와 스스무 교수, 호주 멜버른대의 리처드 롭슨 교수(영국 출생), 그리고 미국 버클리 캘리포니아대의 오마르 M. 야기 교수(요르단 출생)다.

세 사람은 금속 이온(또는 금속 클러스터)과 유기 분자를 결합해 3차원 다공성 결정 물질인 '금속-유기 골격체(Metal-Organic Framework, MOF)'를 제작했다. 노벨위원회는 이들의 연구가 원자와 분자가 결합하는 방식을 근본

적으로 확장해, 인류가 원하는 성질을 가진 물질을 '설계(design)'하는 화학의
시대를 열었다고 평가했다.

금속 이온과 유기분자 결합해 '금속 스펀지' 제작

MOF는 겉으로 보면 미세한 가루 한 줌에 불과하지만, 그 내부는 전혀
다르다. 규칙적으로 빈 공간(기공, pore)이 배열돼 있고, 표면적은 1g만으로도
축구장 수십 개에 맞먹을 정도로 극도로 크다. 이 때문에 MOF는 특정 분자
만 골라서 흡착·저장·분리할 수 있는, 말 그대로 '분자 수준의 스펀지'로 작

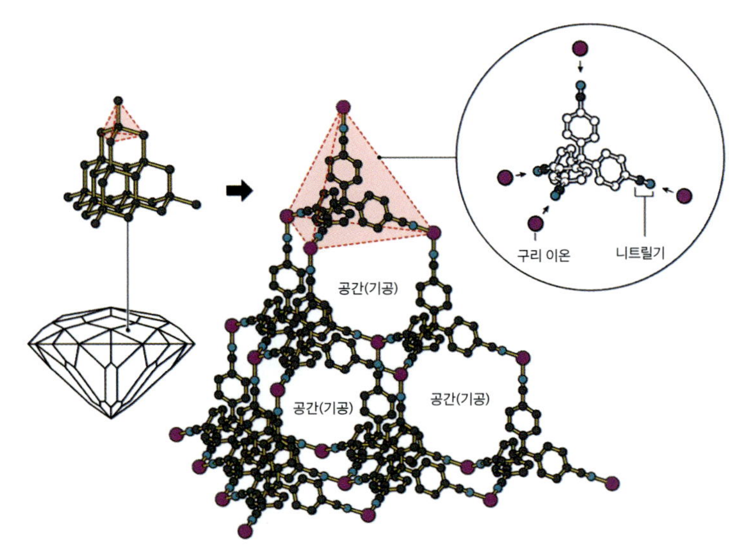

리처드 롭슨은 모든 탄소
원자가 네 개의 다른 탄소와
피라미드 모양으로 연결된
다이아몬드의 구조에서 영감을
받았다. 그는 탄소 대신 구리
이온과, 각 팔 끝에 니트릴이
달린 네 개의 팔을 가진 분자를
사용했다. 이 화합물은 구리
이온에 끌리는 성질을 가진다.
이 물질들을 함께 결합하자,
질서정연하고 매우 넓은 공간을
가진 결정, 즉 최초의 MOF가
형성됐다.
© Nobel Prize Outreach

동한다. MOF는 일명 '금속 스펀지'로도 불린다.

1989년 리처드 롭슨 교수가 MOF에 관한 실험 연구를 시작했다. 그는
양전하를 띤 구리 이온에 네 개의 결합 팔을 가진 유기 분자를 연결해, 금속
이온을 중심으로 빈 공간이 많은 3차원 구조를 합성하는 데 처음으로 성공
했다. 이는 금속과 유기물이 단순히 결합하는 수준을 넘어 공간 구조 자체를
가진 물질을 만든 첫 사례였다. 하지만 초기 MOF는 한계가 분명했다. 결합
이 약해 쉽게 붕괴되고, 내부 기공이 안정적으로 유지되지 않으며, 실용적인

활용이 어려웠다. 즉, '개념은 혁신적이지만 아직 실험실 수준'이었다.

1992년 기타가와 스스무 교수는 MOF 내부의 기공을 따라 기체 분자가 자유롭게 이동할 수 있음을 실험적으로 증명했다. 그는 MOF가 단단한 결정이면서도 외부 자극에 따라 구조가 유연하게 변할 수 있다는 더 중요한 사실도 발견했다. 이는 MOF가 단순한 빈 구조물이 아니라 환경에 반응하는 '동적인 물질'임을 보여 준 결정적 성과였다.

1995년 이후 오마르 M. 야기 교수는 MOF 연구의 방향을 완전히 바꿔 놓았다. 그는 다음과 같은 개념을 제시했다. 금속 이온의 결합 각도, 유기 분자의 길이와 형태, 결정 성장의 규칙성 같은 것을 사전에 계산·설계해 원하는 구조를 정확히 합성할 수 있다는 것이었다. 이 과정에서 대표적 MOF인 MOF-74가 탄생했다. 이 물질은 높은 안정성, 균일한 기공 크기, 특정 기체에 대한 뛰어난 선택성을 동시에 갖춘 실용적 MOF의 표준 모델이 됐다. 사실상 MOF라는 개념을 정의하고, 설계 원리를 체계화한 인물이 바로 야기 교수라고 평가된다.

● 1999년 오마르 M. 야기는 정육면체 공간을 가진 매우 안정적인 물질 MOF-5를 합성했다. 단 몇 g만으로도 축구장만큼 넓은 면적에 해당하는 내부 표면적을 담을 수 있다.
© Nobel Prize Outreach

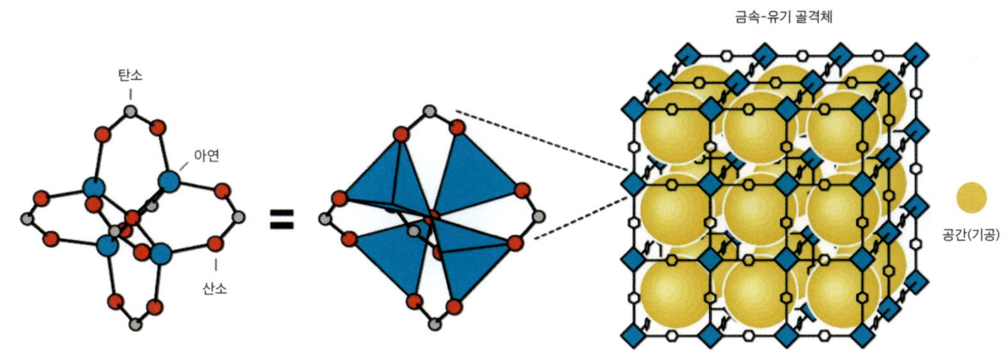

MOF, 이산화탄소 포집부터 수소 연료 저장까지 활용

이후 전 세계 화학자들은 수만 종이 넘는 MOF를 설계·합성했다. MOF는 이제 실험실을 넘어 실제 응용 단계에 들어섰다. 구체적으로 MOF

는 대기 중 물을 포집해 사막에서도 식수를 확보할 수 있고, 배기가스에서 이산화탄소만 선택적으로 흡착해 포집할 수 있으며, 독성 가스나 중금속을 흡착해 유해 물질을 제거할 수도 있다. 또 정밀 분리에 활용해 석유화학·반도체 공정 효율을 향상할 수 있고, 고압 탱크 없이도 수소 연료를 안전하게 저장할 수도 있다.

노벨위원회의 평가처럼 MOF는 단순한 물질이 아니라 '물질을 설계하는 새로운 언어'가 됐다. 더욱이 MOF는 인류의 다양한 문제를 해결하는 데도 도움이 될 전망이다. 그래서 2025년 노벨 화학상은 지속 가능 에너지·환경·자원 문제 해결의 핵심 도구를 만든 과학자들에게 돌아갔다는 평가가 나온다.

◆ 노벨 생리의학상, '말초 면역 관용' 원리 발견

2025년 노벨 생리의학상은 우리 면역계가 실수로 자기 몸(자기 항원)을 공격하지 않도록 '브레이크를 거는 원리', 즉 '말초 면역 관용(peripheral immune tolerance)'의 핵심을 밝혀낸 세 과학자에게 돌아갔다. 수상자는 미국 시스템생물학연구소 시니어프로그램 매니저인 메리 브렁코 박사, 미국 소노마바이오테라퓨틱스의 프레드 램즈델 과학고문, 일본 오사카대의 사카구치 시몬 석좌교수이다.

스웨덴 카롤린스카 의대 노벨위원회는 이들이 면역계의 '보안요원' 역할을 하는 '조절 T세포(regulatory T cells, Tregs)'와 그 작동 원리를 규명해, 자가 면역 질환 이해와 치료 전략을 근본적으로 바꿨다고 평가했다.

자가 면역 질환과 관련된 면역세포 메커니즘 밝혀

면역학에는 오래된 상식이 있었다. 면역세포(T세포 등)는 성장 과정에서 '중추 면역 관용'을 통해 자기 몸을 공격할 만한 위험한 세포들이 대부분 제거된다는 생각이다. 주로 흉선에서 '자기 반응성 T세포'를 솎아 낸다는 개념이다. 그런데 현실은 더 복잡했다. 중추 면역 관용을 거쳐도 자가 면역 질환은 발생한다. 우리 몸에는 외부 항원(감염원)뿐 아니라 자기 조직, 장내 미생물, 음식 항원처럼 '면역 반응을 조절해야 하는 대상'이 너무 많다. 즉 출발점에서 제거하는 것만으로는 부족하고, 말초(혈액·림프절·조직)에서 면역 반응을 '진정시키는 추가 안전장치'가 반드시 있어야 한다. 이 추가 안전장치의 정체가 바로 조절 T세포(Treg)였고, 그 분자 스위치가 FOXP3이었다.

1995년 사카구치 교수는 면역 체계가 단순히 '공격하는 세포(효과 T세포)'만으로 구성된 것이 아니라 그 공격을 억제해 면역의 균형을 유지하는 특수 집단(조절 T세포)이 존재한다는 점을 결정적으로 보여 줬다. 노벨위원회는 발견된 조절 T세포를 '면역계가 스스로를 해치지 않게 만드는 핵심 장치'로 평가한다. 조절 T세포는 한마디로 이런 일을 한다. 과도하게 흥분한 면역세포를 진정시키고, 자기 조직을 공격하려는 반응을 차단하며, 염증이 커지지 않도록 면역의 '톤'을 맞춘다.

사카구치에게 영감을 준 실험

1 사카구치는 생후 3일 된 쥐에서 흉선을 제거했다. 그 결과 이 쥐들은 자가 면역 질환이 발병했다.

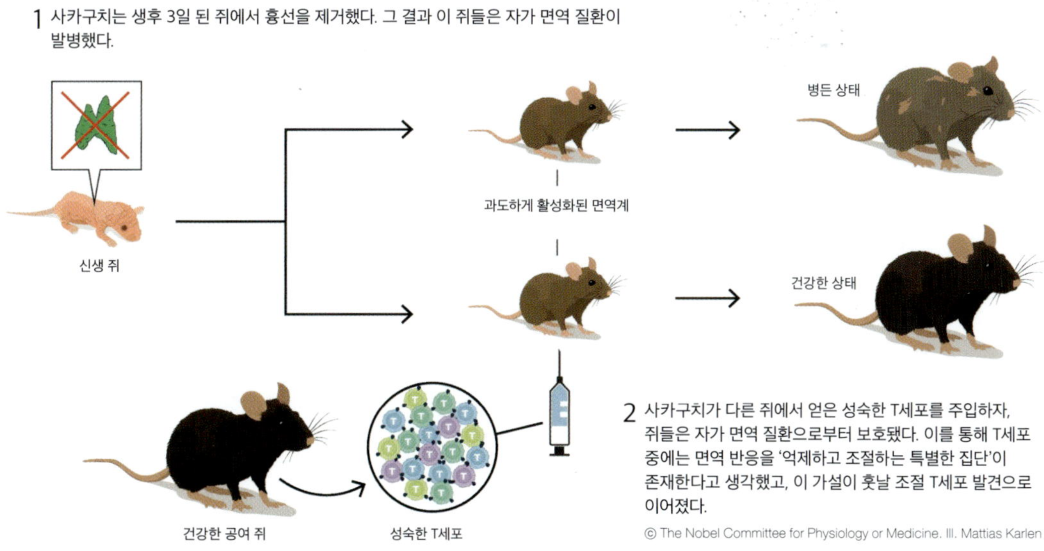

2 사카구치가 다른 쥐에서 얻은 성숙한 T세포를 주입하자, 쥐들은 자가 면역 질환으로부터 보호됐다. 이를 통해 T세포 중에는 면역 반응을 '억제하고 조절하는 특별한 집단'이 존재한다고 생각했고, 이 가설이 훗날 조절 T세포 발견으로 이어졌다.

© The Nobel Committee for Physiology or Medicine. Ill. Mattias Karlen

즉 면역계의 '경찰'이 침입자를 잡는다면, 조절 T세포는 '감사관'처럼 경찰이 시민을 오인 사격하지 않게 만드는 셈이다.

다음 퍼즐은 "그렇다면 조절 T세포를 만드는 유전자 스위치는 무엇인가?"였다. 브렁코와 램즈델은 쥐 실험을 통해 FOXP3 유전자에 이상(돌연변이)이 생기면 자가 면역 질환에 매우 취약해진다는 점을 밝혀냈다. 다시 말해 FOXP3이 망가지면 면역계가 브레이크를 잃고 자기 몸을 공격하는 쪽으로 폭주한다는 뜻이다. 이는 '조절 T세포의 존재'를 넘어, 조절 T세포가 우연히 생기는 세포가 아니라 특정 유전자 프로그램(FOXP3)에 의해 '정체성이 규정되는 세포'임을 강하게 시사했다.

이후 연구 흐름에서 사카구치 교수는 FOXP3이 조절 T세포의 발달과 기능을 좌우하는 핵심 조절자라는 점을 입증했고, 조절 T세포가 어떻게 다른 면역세포를 통제하는지(말초 면역 관용의 메커니즘)도 빠르게 정리되기 시작했다. 조절 T세포가 면역을 억제하는 방식은 여러 갈래로 알려져 있다. 즉 억제성 신호를 전달해 다른 면역세포가 과열되지 않게 멈춤 신호를 보내고, 항염증성 물질(IL-10, TGF-β 등)을 분비해 염증 반응의 온도를 낮추며, 항원

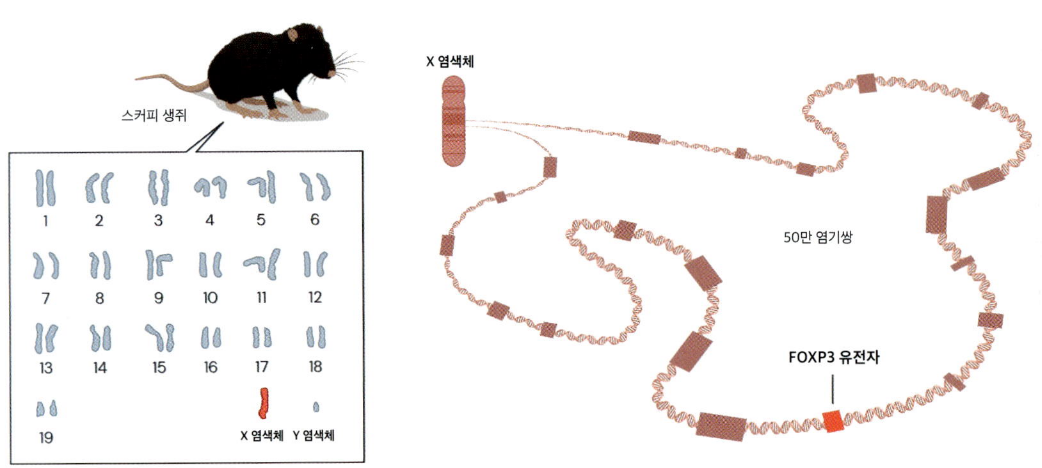

브렁코와 램즈델이 스커피 돌연변이를 찾아내다

스커피 돌연변이(자가 면역 질환 모델)는 면역계에 반란을 일으킨다. 브렁코와 램즈델은 돌연변이의 위치를 점점 좁혀 Foxp3 유전자에서 이를 찾아냈으며, 이 유전자가 조절 T세포의 발달에 결정적인 역할을 한다는 사실을 밝혀냈다.

© The Nobel Committee for Physiology or Medicine. Ill. Mattias Karlen

제시세포(수지상세포 등)를 조절해 면역 반응의 '시동 버튼'을 눌러 주는 세포 자체를 차분하게 만들고, 면역 반응의 연료(IL-2 등)를 조절해 과격한 면역 반응이 커지지 않게 환경을 바꿔 준다. 결국 '말초 면역 관용'은 단일 스위치가 아니라 조절 T세포를 중심으로 한 다층 안전장치라는 뜻이다.

자가 면역 질환 치료법에서 암 치료법까지 개발

노벨위원회는 세 사람이 면역 체계의 수호자인 조절 T세포를 발견해 새로운 연구 분야의 토대를 마련했다면서 자가 면역 질환, 암과 같은 질병 치료에 대한 응용 가능성을 강조했다. 자가 면역 질환은 대체로 면역 브레이크가 약해져 자기 조직을 공격하는 방향으로 기울어진 상태다. 따라서 치료 전략도 '무조건 면역을 죽이는 것'에서 조절 T세포의 기능을 회복·강화해 균형을 되찾는 것으로 확장됐다. 암은 반대로, 종종 면역 브레이크가 너무 강하게 걸린 환경을 만든다. 암세포 입장에서는 조절 T세포가 많거나 강하면 면역 체계의 공격을 피하기가 쉬워진다. 그래서 암 치료에서는 경우에 따라 조절 T세포의 억제 환경을 완화하거나(면역관문억제제와 맞물리는 지점), 종양 미세환경의 균형을 재설계하려는 시도가 이어졌다.

또 골수나 줄기세포를 이식한 뒤 생기는 심각한 합병증은 면역 체계가 낯선 조직을 공격해서 생긴다. 여기서는 조절 T세포를 활용해 과도한 공격을 누그러뜨리는 방향이 유망해진다. 노벨위원회도 이 부분의 임상적 기대를 분명히 언급했다. 아울러 노벨위원회는 연구자들이 조절 T세포를 질병 퇴치에 이용하는 방법을 시험하는 사례는 훨씬 더 많다고 덧붙이며 세 사람의 업적이 혁신적인 발견이라고 강조했다.

✦ 2025년 이그노벨상

파리는 줄무늬를 싫어할까? 신발은 태워도 신발 냄새는 못 참는다고?! 도마뱀은 어떤 피자를 좋아할까? 이처럼 별난 연구를 한 과학자들이

2025년 9월 18일 미국
매사추세츠공대(MIT)에서
진행된 35회 이그노벨상
시상식의 한 장면.
ⓒ improbable.com

2025년 35회 '이그노벨상'을 받았다.

'괴짜 노벨상'이라 불리는 이그노벨상은 1991년부터 미국 하버드대의 유머 과학 잡지 《황당무계 연구연보(Annals of Improbable Research)》에서 매년 전 세계 연구 가운데 가장 기발한 연구를 선정해 수여한다. 엉뚱하거나 황당할 수도 있지만 흥미로운 연구를 소개해, 어렵게만 느껴지는 과학을 재밌게 접하길 바라는 의도도 있다.

2025년에도 10개 부문에 걸쳐 수상자를 발표했다. 해마다 수상 분야가 약간씩 달라지는데, 2025년에는 항공, 소아과, 공학설계, 물리학, 화학, 문학, 심리학, 영양학, 평화, 생물학 분야에서 수상자를 선정했다.

생물학 부문: 파리는 줄무늬를 싫어해

파리는 줄무늬를 싫어할까? 일본 농업·식품산업기술종합연구기구 연구진이 '소의 몸에 얼룩말 무늬를 칠했더니 파리의 공격이 절반으로 감소했다'는 논문을 2019년 국제학술지 《플로스원(PLOS ONE)》에 발표한 바 있다.

연구진은 이 연구 성과로 2025년 생물학 부문 이그노벨상을 차지했다.

연구진은 일본 흑소를 대상으로 흰색, 검은색 줄무늬를 그려 파리가 얼마나 달라붙는지를 실험했다. 실험 결과 아무것도 칠하지 않은 소에는 파리가 128마리가 달라붙은 반면, 검은 줄무늬를 그린 소에는 111마리가, 흰 줄무늬를 그린 소에는 겨우 55마리만 달라붙었다고 한다. 같은 줄무늬라고 하더라도 검은색보다 흰색이 파리를 쫓는 데 효과적이었던 셈이다.

이렇게 소와 같은 가축에 줄무늬를 그리는 방법에 대해 연구진은 살충제 대신 가축을 지킬 수 있는 친환경적 대안이라고 설명했다. 재미있으면서도 실제 농가에서 쓸 수 있는 기발한 아이디어라는 평가도 나왔다. 동시에 동물 복지에도 도움이 될 것이라는 의견도 제기됐다.

공학설계 부문: 신발은 태워도 냄새는 못 참는다?!

운동화, 축구화, 슬리퍼 같은 신발로 가득한 신발장을 연 뒤 역겨운 냄새 때문에 코를 막은 적이 있나? 특히 여러 사람이 모여 사는 기숙사의 신발장이라면 냄새가 더 지독할 수밖에 없다. 2025년 공학설계 부문 이그노벨상은 냄새가 나지 않는 신발장을 개발한 인도 연구진에게 돌아갔다.

연구진은 먼저 냄새의 원인이 박테리아 때문임을 확인했고, 이를 제거하기 위해 자외선(UV)램프를 장착한 신발장을 제작했다. 웃기게도 연구진은 신발장의 성능을 실험하면서 너무 강한 빛에 신발을 태우기도 했다고 한다. 누구나 공감할 만한 생활 속 불편함을 창의적으로 해결하려는 시도라는 점이 좋은 평가를 받았다.

영양학 부문: 도마뱀이 가장 좋아하는 피자는?

도마뱀이 피자를 좋아한다고?! 이탈리아, 프랑스, 나이지리아, 토고 공동 연구진은 아프리카 교외 지역에 사는 무지개도마뱀(*Agama agama*)이 피자 중에서 '콰트로 포르마지'를 유달리 좋아한다는 사실을 밝혀냈다. 콰트로 포르마지는 모짜렐라, 파르메산, 폰티나, 고르곤졸라 등 4가지 치즈가 들어간

아프리카에 사는
무지개도마뱀은 피자 중에서
'콰트로 포르마지'를 가장
좋아한다.
ⓒ iNaturalist/Lennart Hudel

이탈리아 전통 피자다. 연구진은 이 연구 결과를 발표해 2025년 영양학 부문 이그노벨상을 차지했다.

이 연구는 토고 남부의 한 휴양지에서 도마뱀들이 사람들이 버린 피자를 먹는 모습을 발견한 것이 계기가 됐다. 원래 이 연구의 목적은 도마뱀들의 피자 취향을 알아보려 한 것이 아니었다. 음식물 쓰레기가 많은 환경이 야생동물의 식단, 행동, 건강에 어떤 영향을 주는지 조사하기 위한 것이었다.

나머지 이그노벨상은 어떤 연구 결과를 발표한 연구진이 받았을까? 화학 부문은 칼로리가 없는 합성플라스틱인 고분자 소재 테플론 분말을 음식 속에 섞어 부피를 늘리고 포만감을 주자는 '테플론 다이어트'를 제안한 미국 연구진이, 항공 부문은 과일박쥐에 에탄올을 투여해 비행 능력을 관찰한 콜롬비아, 이스라엘 등의 공동 연구진이 각각 수상했다. 또 소아과 부문은 산모가 마늘을 섭취하면 모유의 맛과 향이 변하고 아기가 더 오래 젖을 빠는 현상을 발견한 미국 연구진이, 물리학 부문은 파스타 요리 '카치오 에 페페'에서 치즈와 후추가 특정 조건에서 뭉치는 현상을 물리학적으로 밝힌 이탈리아 연구진이 각각 수상했다.

아울러 평화 부문은 적당량의 술을 마시면 외국어 구사 능력이 향상된다는 점을 실험으로 밝혀낸 네덜란드, 영국, 독일 공동 연구진이, 심리학 부문은 평균 이상의 지능을 지녔다는 말을 들었을 때 실제보다 더 자아도취적 성향을 보인다는 사실을 알아낸 폴란드와 호주 연구진이, 문학 부문은 35년에 걸쳐 자신의 손발톱이 자라는 속도를 꾸준히 기록해 발표한 미국 아이오와대 의대 윌리엄 빈 교수가 각각 수상했다. 윌리엄 빈 교수는 사후 수상자다(이그노벨상은 노벨상과 달리 사후에도 수상할 수 있다).